国际精神分析协会《当代弗洛伊德：转折点与重要议题》系列

论弗洛伊德的《女性气质》

On Freud's "Femininity"

（阿根廷）利蒂西娅·格洛瑟·菲奥里尼（Leticia Glocer Fiorini）
（美）格拉谢拉·阿贝林-萨斯·罗斯（Graciela Abelin-Sas Rose） 主编

闪小春　译

On Freud's "Femininity" by Leticia Glocer Fiorini, Graciela Abelin-Sas Rose
ISBN 9781855757011
Copyright © 2010 by International Psychoanalytical Association. All rights reserved.
Authorized translation from the English language edition published by International Psychoanalytical Association.

本书中文简体字版由 International Psychoanalytical Association 授权化学工业出版社独家出版发行。

未经许可，不得以任何方式复制或抄袭本书的任何部分，违者必究。
封面未贴防伪标签的图书均视为未经授权的和非法的图书。

北京市版权局著作权合同登记号：01-2020-7756

图书在版编目（CIP）数据

论弗洛伊德的《女性气质》/（阿根廷）利蒂西娅·格洛瑟·菲奥里尼，（美）格拉谢拉·阿贝林-萨斯·罗斯主编；闪小春译 .—北京：化学工业出版社，2021.7（2024.10重印）
（国际精神分析协会《当代弗洛伊德：转折点与重要议题》系列）
书名原文：On Freud's "Femininity"
ISBN 978-7-122-38908-4

Ⅰ.①论… Ⅱ.①利…②格…③闪… Ⅲ.①弗洛伊德（Freud，Sigmmund 1856-1939)-精神分析-研究 Ⅳ.①B84-065

中国版本图书馆 CIP 数据核字（2021）第 064779 号

责任编辑：赵玉欣　王新辉　王　越　　　　装帧设计：关　飞
责任校对：宋　玮

出版发行：化学工业出版社（北京市东城区青年湖南街13号　邮政编码100011）
印　　装：北京建宏印刷有限公司
710mm×1000mm　1/16　印张15　字数222千字　2024年10月北京第1版第5次印刷

购书咨询：010-64518888　　　　　　　　售后服务：010-64518899
网　　址：http://www.cip.com.cn

凡购买本书，如有缺损质量问题，本社销售中心负责调换。

定　　价：59.80元　　　　　　　　　　　　　　版权所有　违者必究

推荐序

在 2021 年开年之际,这套"国际精神分析协会《当代弗洛伊德:转折点与重要议题》系列第二辑"的中文译本即将出版,这实在是一个极好的新年礼物。

在说这套书的内容之前,我想先分享一点我个人学习精神分析理论过程中那种既困难又享受、既畏惧又被吸引的复杂和矛盾的体会。

第一点是与同行们共有的感觉:精神分析的文献和文章晦涩难懂,就如《论弗洛伊德的〈分析中的建构〉》的译者房超博士所感慨的那样:

在最初翻译《论弗洛伊德的〈分析中的建构〉》时,有种"题材过于宏大"的感觉,后现代的核心词汇"建构"又如何与"精神分析"联系在一起呢?整个翻译的过程,有种"上天入地"的感觉,关于哲学、历史和宗教,关于各种精神分析的专有名词,有些云山雾罩……

但也恰恰是透过精神分析内容的深奥,才能感受到其知识领域之宽广、思想之深刻、眼光之卓越,虽难懂却又让人欲罢不能。这就要求我们在阅读和学习的过程中需要怀有敬畏之心,甚至需要动用自己的全部心智和开放的心态。 最终,或收获类似房超博士的体验:"但最后,当将所有的一切和分析的历程,和被分析者以及分析者的内在体验联系在一起的时候,一切都又变得那么真实、清晰和有连接感。"

我想说的第二点,是精神分析文献虽然晦涩难懂,但也可以让人"回味无穷"。 正如《论弗洛伊德的〈哀伤与忧郁〉》的译者蒋文晖医生所言:

弗洛伊德的《哀伤与忧郁》是如此著名，如此经典，几乎没有一个学习精神分析的人不曾读过这篇文章。就像一百个人读《哈姆雷特》就有一百个哈姆雷特一样，我相信一百个人读《哀伤与忧郁》也会有一百种感悟、体会和理解。而就算是同一个人，每次读的时候又常常会有新的理解。所以在我翻译这本书的时候，既有很大的压力，但也充满了动力，就好像要去进行一场探险一样，因为不知道这次会发生什么……

这也引出了我想说的第三点，当我们不仅是阅读，而且要去翻译精神分析文献时，那就好比是专业上的一次攀岩过程，或是一场探险，在这个过程中，译者经历的是脑力、心智、专业知识储备和语言表述能力的多重挑战。正如译者武江医生在翻译《论弗洛伊德的〈论潜意识〉》后的感言：

……拿到这本《论弗洛伊德的〈论潜意识〉》著作的翻译任务后，我的心情难免激动而忐忑。尽管经过多年的精神分析理论学习，对于弗洛伊德的《论潜意识》的基本内容已有大概了解，但随着我开始重新认真阅读这篇写于100年前的原文，我的心情却逐渐变得紧张而复杂。这篇文章既结合了客观的临床实践和观察，又充满主观上的天马行空的想象，行文风格既结构清晰和紧扣主题，又随性舒展和旁征博引。一方面我为弗洛伊德的大胆假设而拍案叫绝，另一方面又感到里面有些内容颇为晦涩难懂，需要从上下语境中反复推敲其真正含义。有时候，即使反复推敲，我还是经常碰到无法理解之处，甚至纠缠在某个晦涩的句子和字词的细节之中难以自拔，这使翻译陷入困境，进程变慢……后来我开始试着用精神分析的态度去翻译这部作品，即抱着均匀悬浮注意力，先无欲无忆地反复阅读这部作品，让自己不去特别关注某个看不懂的句子和词语，而只是全然投入到阅读过程中（倾听过程），在逐渐能了解作品的主旨和中心思想后，那些具体语句和其之间的逻辑关系就变得逐渐清晰。

第四点，阅读精神分析文献和书籍，不仅会唤起我们对来访者的思考和理解，也会唤起我们对自己及人性与社会的思考。阅读不仅有助于心理治疗与咨询的知识积累和技能提高，更能深化对生命与人性的态度和理解，这也是精神分析心理治疗师培训中所传达的内涵。在这样的语境下，心理治疗中的患者不再仅仅是一个有心理困扰及精神症状的个体，同时也是在心理创伤下饱经沧桑却尽可能有尊严地活着的、有思想的、有灵魂的血肉之躯。从这个意义上讲，心理治疗与咨询中真正的共情只能发生在直抵患者心灵深处之时，那就是当我们不仅仅作为治疗师，同时也作为一个人与患者的情感发生共振的时候。

在此，我想引用《论弗洛伊德的〈女性气质〉》的译者闪小春博士的感想：

翻译这本书对我而言，不仅是一份工作、一种学习，也是一场通往我的内心世界和自我身份之旅，虽然这是一本严肃的、晦涩难懂的专业书，但其中的部分章节却让我潸然泪下，也有一些部分激励我变得坚定。对我个人而言，最有挑战的部分在于，如何思考和践行"作为一个自由、独立和有欲望的人（不仅是女人）"——不仅是在我的个人生活中，也在我的临床工作中。

最后说的第五点体会是，尽管这门学科博大精深，永远都有学不完的知识，精神分析师的训练和资质获得也很不容易，但这不应该成为精神分析心理治疗师盲目骄傲或过分自恋的资本。心理治疗师的学习和实践过程也是一个在可终结与不可终结之间不断探索和寻求平衡的过程。"学海无涯"不一定要"苦作舟"，也可以"趣作舟"，当然"勤为径"也是必不可少的要素。当一个人把自己的职业当作事业来做时，大概就可以认为是接近"心存高远"的境界了吧。

下面就弗洛伊德五篇文章及五本书的导论做一个读后感式的总结。

第一部：《论弗洛伊德的〈哀伤与忧郁〉》

导论作者马丁·S. 伯格曼（Martin S. Bergmann）认为，这篇文章是弗洛伊德最杰出的作品之一，他称赞道："不断地比较正常的和病理性的事物是弗洛伊德的伟大天赋之一，这种天赋也在很大程度上使'弗洛伊德'成为二十世纪不朽的名字之一。"我对弗洛伊德这篇文章中印象最深刻的一句话是："在哀伤中，世界变得贫瘠和空洞（poor and empty）；在忧郁中，自我本身变得贫瘠和空洞。"想到 100 多年前弗洛伊德就对抑郁有了如此深入的解读，就再一次感到这位巨匠的了不起。导论作者对本书的每一章都做了总结，归纳如下三点：

一是将对弗洛伊德思想持不同观点的分析师们划分为异议派、修正派及扩展派。这部论文集的作者来自七个国家，他/她们多数受修正派克莱茵的影响（但导论作者又认为最好把她看作扩展者）。他强调，"享受阅读本书的先决条件是对当前 IPA 内部观点的多样性持积极的态度"。

二是谈及《哀伤与忧郁》，就必然要涉及弗洛伊德另外一篇著名的文章《论自恋》，前者是对后者的延伸，被看作是弗洛伊德从所谓的驱力理论到客体关系理论的立场转变。

三是哀伤的能力是我们所有人都必须具备的一种不可或缺的能力。进一步而言，"哀伤过程有两个主要目的，一是为了修通爱的客体的丧失，二是为了摆脱一个内在的、迫害性的、自我毁灭性的客体，这个客体反对快乐和生命"。

第二部：《论弗洛伊德的〈论潜意识〉》

导论作者萨尔曼·艾克塔（Salman Akhtar）认为，弗洛伊德的《论潜意识》这篇文章涵盖了"个体发生、临床观察、语言学、神经生理学、空间隐喻、通过原初幻想来显示的种系发生图式、思维的本质、潜在的情感"等非常广阔的领域，并且与他的另外四篇文章（指《本能及其变迁》《压抑》《关于梦理论的一个元心理学补充》《哀伤与忧郁》）一起，做到了弗洛伊德自己希望达成的"阐明和深化精神分析的系统"。

导论作者从弗洛伊德的这篇文章中提炼出了 12 个命题，"以说明它们是如何被推崇、被修饰、被废弃，或被忽视的"。他在导论的结束语中对本书做了简短的概括和总结，并给予了高度评价。对于这本书的介绍，我想不出还有比直接推荐读者先看艾克塔博士的导论更为合适的选择，特别是他做出的 12 个命题的归纳和总结，我认为是精华中的精华。相信读者在阅读这本书时会首先被他的导论吸引，因为导论本身已经可以被视为一篇独立的、富有真知灼见的文章了。

我个人特别喜欢弗洛伊德对潜意识做出的非常生动的比喻："潜意识的内容可比作心灵中的土著居民。如果人类心灵中存在着遗传而来的心灵内容——类似于动物本能——那它们构成了 Ucs. 的核心。"

第三部：《论弗洛伊德的〈可终结与不可终结的分析〉》

这篇文章写自弗洛伊德的晚年（发表于 1937 年），也是相对不那么晦涩难懂的一篇文章。"可终结与不可终结的分析"这样的命题本身就让人联想到永恒与无限的话题，同时也自然而然地想到我们自己接受精神分析时的体验以及我们的来访者。导论作者认为"这篇阐述具体治疗技术的论文实质上是一篇高度元心理学的论文"，这让我联想到关于精神分析师的工作态度的议题。读了弗洛伊德的原文和三位作者写的导论，并参考译者林瑶博士的总结之后，归纳以下几点：

（1）精神分析对以创伤为主导的个案能够发挥有效的疗愈作用，而阻碍精神分析治疗的因素是本能的先天性强度、创伤的严重性，以及自我被扭曲和抑制的程度。也就是说，这三个因素决定了精神分析的疗效。

（2）精神分析治疗起效需要足够的时间。弗洛伊德列举了两个他自己20年前和30年前的案例来说明这个观点，他指出："如果我们希望让分析治疗能达到这些严苛的要求，缩短分析时长将不会是我们要选择的道路。"

（3）精神分析的疗效不仅与患者的自我有关，还取决于精神分析师的个性。弗洛伊德提出，由于精神分析工作的特殊性，"作为分析师资格的一部分，期望分析师具有很高的心理正常度和正确性是合理的"。虽然他提出的分析师都应该每五年做一次自我分析的建议恐怕没有多少人能做到，但精神分析师需要遵从的工作原则就如弗洛伊德所说："我们绝不能忘记，分析关系是建立在对真理的热爱（对现实的认识）的基础之上的，它拒绝任何形式的虚假或欺骗。"导论作者认为，弗洛伊德在这篇文章中对精神分析中不可逾越的障碍提出了清晰的见解，"这些障碍并非出于技术的限制，而是出于人性"。

第四部：《论弗洛伊德的〈女性气质〉》

我在通读了一遍闪小春博士翻译的弗洛伊德的《女性气质》及导论之后，有一种感触颇多却无从写起的感觉。当我看了导论中总结的弗洛伊德文章中提出的富有广泛争议的几个议题后，便自然地推测这本书应该是集结了精神分析领域关于女性气质研究的最广泛和最深刻的洞见与观点。导论的作者之一利蒂西娅·格洛瑟·菲奥里尼（Leticia G. Fiorini）是IPA系列出版丛书的主编，她在《解构女性：精神分析、性别和复杂性理论》（*Deconstructing the Feminine*：*Psychoanalysis*，*Gender and Theories of Complexity*）一书中，有一段这样的描述："人们所属的性别是由母亲的凝视和她们所提供的镜像认同支撑的，而这些则为人们提供了一种有关女性认同或男性认同的核心想象。"

关于女性气质的论述让我自然地联想到中国文化中男尊女卑的观念对中国女性身份认同的影响，我想这远比弗洛伊德提出的女性的"阴茎嫉羡"要严重得多。虽然如今中国女性已经获得了更高的家庭和社会地位及话语权，但在我们的心理治疗案例中，受男尊女卑观念伤害的中国女性来访者仍然比比皆是。我想译者闪小春博士对本书作者观点所作的总结也应该是中国女性的希望所在："女孩三角情境的终极心理现实不是阴茎嫉美而是忠诚和关系的平衡问题……在女性气质和男性气质形成之前的生命之初，有一个非性和无性的维度，即人性的维度……当今，女人不再被视为仅仅是知识和欲望的客体，是'另一性别'，是'他者'；她也可以成为自己，可以超越二分法的限制，从一个自由的位置出发，根据自己的需要创造性地选择爱情、工作、娱乐、家庭和是否成为母亲。"

第五部：《论弗洛伊德的〈分析中的建构〉》

这篇文章也是弗洛伊德的晚年之作，是对精神分析治疗本质的一个定性和论述，大家所熟知的弗洛伊德将精神分析的治疗过程比喻为考古学家的工作就是出自这篇文章。但在这篇文章中，他也强调了精神分析不同于考古学家的工作：①我们在分析中经常遇到的重现情形，在考古工作中却是极其罕见的……建构仅仅取决于我们能否用分析技术把隐藏的东西带到光明的地方；②对于考古学家来说，重建是他竭尽努力的目标和结果，然而对于分析师来说，建构仅仅是工作的开始。接着，他又借用了盖房子的比喻，指出虽然建构是一项初步的工作，但并不像是盖房子那样必须先有门窗，再有室内的装饰。在精神分析的情景里，有两种方式交替进行，即分析师完成一个建构后会传递给被分析者，以便引发被分析者源源不断的新材料，然后分析师以相同的方式做更深的建构。这种循环以交替的方式不断进行，直到分析结束。

在文章的最后，弗洛伊德将妄想与精神分析的建构做了类比，"我还是无法抗拒类比的诱惑。病人的妄想于我而言，就等同于分析治疗过程中所做的建构……我们的建构之所以有效，是因为它恢复了被丢失的经验的片段；妄想之所以有令人信服的力量，也要归功于它在被否定的现实中加入了历史的真相"。

这本书导论的作者乔治·卡内斯特里（Jorge Canestri）也是一位多次来我国做学术交流和培训的资深精神分析师。他对本书的每一个章节都做了精练的概括和总结，给读者提供了很好的阅读索引。

这套书中文译版初稿完成恰逢 IPA 在中国大陆的分支学术组织——IPA 中国学组（IPA Study Group of China）被批准成立之时（2020 年 12 月 30 日 IPA 网站发布官宣）。从 2007 年 IPA 中国联盟中心（IPA China Allied Center）成立，到 2008 年秋季第一批 IPA 候选人培训开始，再到 2010 年 IPA 首届亚洲大会在北京召开、中国心理卫生协会旗下的精神分析专委会成立，我们感受到两代精神分析人的不懈努力。非常感谢 IPA 中国委员会（IPA China Committee）和 IPA 新团体委员会（International New Group Committee）对中国精神分析发展的长期支持，以及国内精神分析领域同道们的共同努力。

当然，能使这套书问世的直接贡献者是八位译者和出版社，除了我上面提及的房超、蒋文晖、武江、闪小春、林瑶外，译者还有杨琴、王兰兰和丁瑞佳，他/她们都是正在接受培训的 IPA 会员候选人，也是中国精神分析事业发展的中坚力量。我在撰写这篇序言前，邀请每本书的译者写了简短的翻译有感，然后节选了其中的精华编辑在了序言的前半部分。

在将要结束这篇序言时，我意识到去年此时正是新冠肺炎疫情最严峻的日子，心中不免涌起一阵悲壮和感慨。我们生活在一个瞬息万变的时代，人类在大自然中的生存和发展早有定律，唯有保持对大自然的敬畏之心和努力善待我们周围的人与环境才是本真，而达成这一愿望的路径之一就是用我们的所学所用去帮助那些需要帮助的人们。相信这套书会为学习和实践精神分析心理治疗的同道们带来对人性、对精神分析理论与技术的新视角和新启发，从而惠及我们的来访者。

杨蕴萍，2021 年 1 月 23 日于海南
首都医科大学附属北京安定医院主任医师、教授
国际精神分析协会（IPA）认证精神分析师
IPA 中国学组（IPA Study Group of China）

国际精神分析协会出版物委员会第二辑[1]
出版说明

国际精神分析协会出版物委员会（The Publications Committee of the International Psychoanalytical Association）已决定继续编辑和出版《当代弗洛伊德：转折点与重要议题》（Contemporary Freud）系列丛书，该丛书第一辑完结于2001年。这套重要的系列丛书由罗伯特·沃勒斯坦（Robert Wallerstein）创立，由约瑟夫·桑德勒（Joseph Sandler）、埃塞尔·S. 珀森（Ethel Spector Person）和彼得·冯纳吉（Peter Fonagy）首次编辑，它的重要贡献引起了各流派精神分析师的极大兴趣。因此，在重启《当代弗洛伊德：转折点与重要议题》系列之际，我们非常高兴地邀请埃塞尔·S. 珀森为丛书第二辑作序。

本系列丛书的目的是要从现在和当代的视角来探讨弗洛伊德的作品。一方面，这意味着突出其作品的重要贡献——它们构成了精神分析理论和实践的坐标轴；另一方面，这也意味着我们有机会去认识和传播当代精神分析学家对弗洛伊德作品的看法，这些看法既有对它们的认同，也有批判和反驳。

本系列至少考虑了两条发展路线：一是对弗洛伊德著作的当代解读，重

---

[1] 《当代弗洛伊德：转折点与重要议题》（第二辑）简称"第二辑"。——编者注。

新回顾他的贡献；二是从当代的解读中澄清其作品中的逻辑观点和理论视角。

弗洛伊德的理论已经发展出很多分支，这带来了理论、技术和临床工作的多元化，这些方面都需要更多的讨论和研究。为了在日益繁杂的理论体系中兼顾趋同和异化的观点，有必要避免一种"舒适和谐"的状态，即不加批判地允许各种不同的理念混杂在一起。

因此，这项工作涉及一项额外的任务——邀请来自不同地区的精神分析学家，从不同的理论立场出发，使其能够充分表达他们的各种观点。这也意味着读者要付出额外的努力去识别和区分不同理论概念之间的关系，甚或是矛盾之处，这也是每位读者需要完成的功课。

能够聆听不同的理论观点，也是我们锻炼临床工作中倾听能力的一种方式。这意味着，在倾听中应该营造一个开放的自由空间，这个空间能够让我们听到新的和原创性的东西。

本着这种精神，我们把深深植根于弗洛伊德传统的学者以及发展了其他理论的作者——这些理论在弗洛伊德的作品中没有被明确考虑到——聚集一堂。

弗洛伊德的《女性气质》($Femininity$）体现了他对女性气质、女性性欲和母性的最终思考；后弗洛伊德时代和当代的分析师对他的思想进行了深入的探讨。这本书包含了关于女性气质的不同观点，突出了弗洛伊德主张中有贡献和有争议的地方。通过这样的方式，我们旨在超越一个单一的、统一的思路，保持差异，当然每个读者可能也会处理和拓展这些差异。

每个章节的学者都接受了挑战，从当代精神分析的角度来重思弗洛伊德的主张及其扩展、影响和矛盾之处。

在此特别感谢大家对这一辑所做的杰出贡献，这极大地丰富了当代弗洛伊德的系列丛书。

利蒂西娅·格洛瑟·菲奥里尼
丛书编辑
IPA 出版委员会主席

目 录
CONTENTS

001 **导论**
利蒂西娅·格洛瑟·菲奥里尼（Leticia Glocer Fiorini）；
格拉谢拉·阿贝林-萨斯·罗斯（Graciela Abelin-Sas Rose）

009 **第一部分　《女性气质》**（1933）

西格蒙德·弗洛伊德（Sigmund Freud）

029 **第二部分　对《女性气质》的讨论**

031 女性气质与俄狄浦斯情结
南希·库里希（Nancy Kulish）& 迪恩娜·霍茨曼（Deana Holtzman）

049 女性气质、性别和创生性身份之当代视角
琼·拉斐尔·莱夫（Joan Raphael-Leff）

069 分析师的元理论：关于性别差异和女性气质
利蒂西娅·格洛瑟·菲奥里尼（Leticia Glocer Fiorini）

085 男人和双性恋者身上的女性维度在分析情境中的变迁
蒂里·博卡诺夫斯基（Thierry Bokanowski）

097 弗洛伊德1933年双性假说的局限性：在解释女人的创造性阻碍方面

芭芭拉·S. 罗卡（Barbara S. Rocah）

112　对女性气质的拒绝之谜：女性化维度的丑闻

杰奎琳·谢弗（Jacqueline Schaeffer）

126　女人还有被误解的危险吗？

格拉谢拉·阿贝林-萨斯·罗斯（Graciela Abelin-Sas Rose）

140　自主性和女性成熟

玛丽·凯·欧·尼尔（Marry Kay O'Neil）

155　分析师的性别内隐理论

埃米尔斯·迪奥·布雷赫曼（Emilce Dio Bleichmar）

174　女性气质和人性维度

玛丽亚姆·阿里扎德（Mariam Alizade）

186　现代韩国女人无意识中对传统的坚守

金美京（Mikyum Kim）

202　**参考文献**

221　**专业名词英中文对照表**

导 论

利蒂西娅·格洛瑟·菲奥里尼(Leticia Glocer Fiorini)

格拉谢拉·阿贝林-萨斯·罗斯(Graciela Abelin-Sas Rose)

在这本书中，我们聚集了一群研究女性和女性气质的当代精神分析学者，旨在呈现他们与弗洛伊德主张的一致和不一致之处。

自弗洛伊德时代以来，对女性的论述已经发生了很大改变。这与女性和女性地位的深刻变化相一致，至少在多数西方国家是这样的。众所周知，避孕工具、辅助受精、妇女权利的进步、日益明显的升华能力（sublimational capacities）和职业成就，无疑改变了人们对永恒不变的女性气质的看法。我们感兴趣的是，这些变化是如何影响了或没有影响到精神分析的女性理论。这意味着我们要重新思考"女性气质"的含义，以及是否有一个关于女性气质的基本真理。

我们选择将《精神分析新论》（*New Introductory Lectures on Psycho-Analysis*）（Freud，1933a）第三十三讲《女性气质》（1933）作为研究的起点，在这篇论文中，弗洛伊德反思并同时扩展了他以前文章中陈述的女性气质概念。尽管他遗留了一些问题，但也形成了一些结论，我们需要带着新的问题重新审视这些结论。

弗洛伊德关于女孩和女性的性心理发展的观点引发了广泛的讨论。尽管这可能是他理论中最有争议的主题之一，但就此展开的争论和讨论总是局限在一些侧面，而没有一个整合的理论框架。因此，这些贡献通常只作为一种主要理论的补充，而并没有和它们所涉及的理论核心真正互动起来。

没有一个文本能够包括后弗洛伊德时代和当代精神分析对这一主题的贡献，以及对性别理论和不同类型的女性主义所作的贡献（这种综合性参考文献在本书中得到了充分展现）。在此基础上，我们可以增加社会研究方面的论述，而这需要多学科的合作。

尽管如此，这本书的目的在于阐明阅读弗洛伊德论文时所激起的最大的争议。

首先，主要的争议集中在弗洛伊德对女孩身上的原初男性气质（primary masculinity）的假设上，因为女孩们只有通过一条由阴茎嫉羡（penis envy）导向的复杂路径才能实现女性气质。这个问题引起了一个关于原初女性气质和次生女性气质（secondary femininity）的争论，因此也有了关于阴茎嫉羡是原初性的还是次生性的争论。目前，在精神分析领域，这些观点还未达成一致。此外，这里还暗示了其他的问题：阴茎嫉羡是一个适用于女性性心理发展的普遍概念吗？这一概念和男性化/女性化相关的神话和叙事（narrative）有什么关系？同样，考虑到其他理论提供了一个可以替代阳具一元论（phallic-monism）与原初女性气质（primary femininity）的选择：原初心理双性论（primary psychic bisexuality），那么这个概念和双性论相兼容吗？

其次，我们如何解释"解剖学是命运"这一著名的格言？我们该如何对女人身上更明显的生理和身体特征（如初潮、怀孕和更年期）进行分类？我们如何看待基因、激素和形态这些决定因子在女性气质形成中的作用？同时，我们如何在本书中囊括一个被不同学者充分讨论的事实，即解剖学也是被诠释过的，从这个意义上而言，它毫无疑问受到了文化话语和规范的影响？虽然弗洛伊德提到了社会限制对女性性心理发展的影响，但他没有对这些观点进行归纳。这反过来又引出了另一系列关于天性-文化关系的争论。我们认为，如果要避免偏向两极中的任何一极，既不偏向纯粹的生物主义也不偏向极端的文化主义的话，我们需要把互补的概念囊括在这场争论中。只有在这两个变量的交汇点上，我们才能研究社会话语和规范与驱力场之间的交集。

第三，也是最重要的一个问题，母性是否如弗洛伊德所说，是女性气质的首要（princeps）目的？从这个意义上说，独立于母性的女性性欲又该置于何处？在这个问题上，我们又提出这样一个问题：母性在多大程度上符合本能生活？

最后，根据弗洛伊德的观点，理解女性气质为何如此困难？女孩除了俄狄浦斯情结（Oedipus complexes）和阉割情结（castration complexes）之外还有其他的选择吗？

此外，大量的精神分析学家反驳了弗洛伊德的观点，即女性的超我（super ego）比男性的更弱，女性的升华（sublimation）能力更弱，她们的自主性和计划能力是最差的。

在这篇导论中，我们无疑省略了很多本书中各个章节将要讨论的争议性问题。然而，我们确实希望能够为性别理论和精神分析之间的关系添砖加瓦，无论增添的是一种衔接还是一种反对。许多学者已经讨论过这种关系了，这有助于我们理解性别身份的决定因素。性别理论是否是精神分析领域的一部分，性别是否主要跟性欲有关，我们也会在本书就此展开讨论。

我们还会补充一些引发我们反思女性气质概念的其他问题，如女同性恋对孩子的渴望、有孩子但不愿意有伴侣的单亲妈妈的地位，以及男同性恋对孩子和做父亲的渴望。我们也会在文化多元主义和全球化的框架下讨论家庭组织的新形式。在某些文化中，男性家长制（pater familiae）的衰落也会滋生对"女性化"（feminization）的恐惧。主体性（subjectivity）的新形态已经确定。所有这些发展都对女人的传统地位提出了质疑。换句话说，我们应该问问自己，这些经验是如何被纳入理论的？理论是否涵盖了足够的范围？因此，我们要很认真地思考理论和经验之间的复杂关系。

另一个争论的热点是女性受虐倾向（feminine masochism）。尽管弗洛伊德主要讨论了男人身上的受虐倾向，但这个概念本身就指向了女人身上固有的一些东西。一些学者认为这是女性气质的一个必要部分，另一些认为这是一种文化建构。

除了这些，我们还会增加一些问题：在一个女人的一生中，女性气质概念会经历怎样的历程？同样，排除万难实现了的母性和因各种原因未能实现的母性一样吗？考虑到文化对女人年轻貌美所赋予的价值，女性人到中年后年老色衰又会发生什么？这些问题暗示了女性气质和暂时性（temporality）之间不可避免的关系。

所有这些问题都说明了问题的复杂性，这些问题都试图阐明和消除还有争议的问题，它们指出了弗洛伊德理论中的弱点。当我们研究后者时，它们会诱导我们来反思弗洛伊德关于女性和女性化概念的潜在逻辑和认识论基础。

围绕刚刚提出的一些争论，我们认为，女性的性心理和升华发展的某些方面在弗洛伊德的理论中并未得到圆满解释。然而，我们也需要回想一下，尽管弗洛伊德认为解剖学是命运，但他关于俄狄浦斯情结的概念化——女孩也应该遵循才能实现女性化的一个过程——却部分支持了"女孩的性心理发展与自然主义决定论非常不同"这一观点。因此，一方面，弗洛伊德创造了一条超越解剖学解释女性化的路径；另一方面，女性俄狄浦斯情结又堵上了出路。从这个意义上说，原初女性气质和性别理论均为这些问题带来了不同的视角。

同时，我们也指出，弗洛伊德一开始接待癔症（hysteric）病人时会耐心倾听女人的问题。他的前俄狄浦斯期的发现也给我们带来了一些想法，他将原初的各种母女关系视为女性生活中许多问题的根源，倘若我们不把这解释成一种将女人幼稚化的企图，那这些观点听起来也蛮有趣。

弗洛伊德曾多次被批评为"阳具中心主义"（phallocentrism）者，他的女孩性心理发展的理论的确是建立在阴茎嫉羡及其象征性的替代之上，而这充其量只会导致母性，一种对其生理缺陷的终极替代。阳具/被阉割的两极（polarity），作为一种关于性别差异的婴儿性欲理论，无形中延伸了整个理论，也被等同于男性化/女性化的对立，其中女性化被理解成一种阉割。从这个意义上说，弗洛伊德维持了一个基于阳具/阉割二分法的性别理论。

弗洛伊德在性心理、驱力和无意识方面的巨大贡献，确实改变了人们以往对这些概念的理解。然而，他的作品，虽然是多中心和复杂的，却也包含了诸多矛盾和盲点，主要体现在女性化和性别差异方面；弗洛伊德的研究是局部的，而关于这些研究的争论仍在继续。

回顾本书中的一些章节，就会发现许多这样的争论。南希·库里希（Nancy Kulish）和迪恩娜·霍茨曼（Deanna Holtzman）质疑了俄狄浦斯情结，并提出珀耳塞福涅（Persephone）神话最能够揭示女孩的性心理动力。琼·拉斐尔·莱夫（Joan Raphael-leff）就创生性身份（generative identity）提出了一个解释模型，其基础是个体在后俄狄浦斯期对潜在创造者[potential（pro）creator]的心理建构。利蒂西娅·格洛瑟·菲奥里尼研究了弗洛伊德的女性气质话语的认识论基础，以及分析师对性别差异和女性化的元理论。蒂里·博卡诺夫斯基（Thierry Bokanowski）重申，有必要研究男人身上的女性气质和双性恋倾向，同时倾听分析师和病人双方的双性恋的移情,以此避免触礁分析的"基岩"。芭芭拉(Barbara Rocah)探讨了双性恋在女性创造力方面的作用。杰奎琳·谢弗(Jacqueline Schaeffer)在婴儿性欲理论和男性生殖器维度之外提出了女性性欲维度的存在。她假设女性的性受虐倾向是女性获取性交带来的"狂喜的快感"(ecstatic pleasure)的必要条件。相反,格拉谢拉·阿贝林-萨斯·罗斯提出,女人的受虐倾向不是女人身上固有的或本能的变迁,而是一个对成年期重现的那些复杂的婴儿式的客体关系的解决方案。玛丽·凯·欧·尼尔(Mary Kay O'Neil)认为,女性的自我是一种自主的自我,是独立于性欲之外的欲望或表达。埃米尔斯·迪奥·布雷赫曼(Emilce Dio Bleichmar)讨论了精神分析中的内隐性别理论,并提出在精神分析中加入性别概念,以倾听女性自我拓展的合理欲望。玛丽亚姆·阿里扎德(Mariam Alizade)假定在将新生儿定为男孩或女孩之前,有一个基于前性欲(pre-sexual)和非性欲(non-sexual)的人性维度。在她看来,性别和精神分析既有共同之处,也有不同之处。最后,金美京(Mikyum Kim)分析了不同历史背景和文化语境下三代韩国女性的地位,她强调,尽管这些女性的生活经历了巨大转变,但与此共存的还有她们不变的文化理想。

这个路径说明问题是复杂多样的,要在女性和女性化的议题上达成一个普遍结论是难以想象的。对此,我们可以增加男性和女性间的复杂性互动——包括异性恋和同性恋,这决定了在功能和角色分配方面的重要性变量。最后,每个女人——就像每个男人一样——都是一个"发展中"的奇人,临床工作者也需要如此考虑她的这个特点。尽管她可能与其他女性有相同的特征,但决定性的变量总是唯一和独特的。

第一部分

《女性气质》
（1933）

西格蒙德·弗洛伊德（Sigmund Freud）

女性气质[1]

女士们、先生们：

当我在准备这篇演讲稿的时候，我的内心也在经历一场挣扎。可以这么说，我不确定自己是否有足够的可信度。在 15 年的时间里，精神分析确实有所改变，也变得更加丰富，然而，尽管如此，对精神分析的导论介绍可能依然没有多少修改或补充。我始终记得，这些研究是没有存在之因（*raison d'être*）的。对分析师来说，我说得太少，也没有新意；但是对你们，我说得太多，而且我所说的内容是你们不明白的，也不在你们的理解范围之内。我自圆其说，试图以不同的理由为每一次演讲辩护。第一讲是关于梦的理论，旨在让大家重温一下分析的氛围，让大家看到我们的观点是多么经得起考验。第二讲，我沿循梦的道路来到所谓的神秘主义（occultism），借此机会，我想畅谈一下我对这个主题的理解，在这个领域，今天一些对此怀着过高期望的人士和另一些对此强烈反对的人士正在进行斗争，我希望，已经被教育得学会宽容精神分析案例的你们，不会拒绝陪伴我走完这趟旅程。第三讲，关于人格的剖析，对你们而言这是一个陌生的话题，因此这个挑战对大家而言无疑是最苛刻的；但是，我不可能不让你们知道这是自我心理学（ego-psychology）的一个开端，如果我们 15 年前就掌握它的话，我那时便会告诉你们。此外，我的上一个演讲，你们可能最终花了很大力气才跟得上，同时，我还提出了一些必要的修改——为攻克最重要的难题做出了新的尝试；如果我对此只字不提的话，我的导论将把大家带入歧途。正如你们所见，当一个人开始给自己找借口的时候，这最终将证明一点：一切都是命运

---

[1] 本篇演讲基于两篇早期的文章：《两性解剖学差异带来的一些心理影响》（*Some Psychical Consequences of Anatomical Distiction between the Sexes*）（Freud，1925）和《女性性欲》（*Female Sexuality*）（Freud，1931b）。最后关于成年女性生活的部分是全新的内容。在弗洛伊德死后出版的《精神分析纲要》（*Outline of Psycho-Analysis*）（Freud，1940a［1938］）的第七章中再次谈到这个主题。

的安排，无可逃脱。对此，我臣服了，我请求你们也这样做。

今天的演讲，本也不适合放到导论里来，但它或许可以给大家提供一个精神分析工作的具体范例，我推荐的原因有两个。它提出的只是观察到的事实，几乎没有添加任何推测；它涉及的主题的趣味性几乎不亚于其他任何主题。纵观历史，人们绞尽脑汁试图破解女性气质的本质之谜——

象形文字女帽中的头，

裹着头巾的头，

黑色骷髅帽中的头，

假发中的头，

汗淋淋的人类之头

……❶

在座的各位男士——你们也难免受此问题困扰；女士们可以例外，因为你们就是问题本身。当你遇见一个人时，你首先要做的一个区分是"男人还是女人"，你一定会毫不迟疑就给出一个肯定的答案。解剖学在某一点上和你的结论一致，但也就仅此而已。男性的性产物、精子及其载体都是男性的，卵子及其孕育器官是女性的。两性各自形成了专门服务于性功能的器官，它们可能是由［先天的（innate）］相同的组织发展成的两种不同形式的器官。除此之外，两性的其他器官、身体形态和组织也显示了各自性别的影响，但这并非恒定的，它的数量也是可变的；它们就是我们所知的第二性特征。科学接下来会告诉你一些出乎意料的东西，可能它的本意就是要迷惑你。它让你关注这样一个事实：男性的部分性器官也会出现在女性的身体里，尽管处于萎缩状态；反之亦然。它们的出现被视为双性恋（bisexuality）❷ 的标志，好像一个人既不是男性也不是女性而是两者兼有——只是某种性别的数量较之另一种更多而已。接下来，你得让自己熟悉这个观点：一个人身上

---

❶ 海涅（Heine），《北海集》（*Nordsee*）[第二组诗，第 7 首，《问题》（*Fragen*）]。

❷ 弗洛伊德在《性学三论》（*Three Essays on the Theory of Sexuality*）的第一版（Freud, 1905d, Standard Ed., 7, 141-4）中讨论过双性恋。后来他为那段描述增加了一个很长的注脚。

的男女特征混合比例的波动范围是很大的。然而，除非极端情况，只有一种性产物——卵子或精液——存在于一个人的体内，你们肯定会对这些元素的决定性影响产生怀疑，并得出一个结论：构成男性气质和女性气质的是一个解剖学不能控制的未知的特点。

或者心理学可以做到吗？我们也已经习惯使用"男性化"和"女性化"来描述个体的心理特质，同样地将双性的概念转移到心理生活。因而，当我们说起一个人的时候，不管是男人还是女人，他（她）有时会以男性化的方式行事，有时会以女性化的方式行事。但你很快就会发现，这会屈从于解剖学或惯例。你无法为"男性化"和"女性化"赋予任何新的内涵。这种区分不是心理学意义上的；当你说"男性化"时，你通常指的是"主动的"，当你说"女性化"时，你通常指的是"被动的"。诚然，这种关系确实存在。雄性的生殖细胞会主动地游动去寻找雌性的生殖细胞，而雌性的生殖细胞是不动的，它被动地等待着。这一基本性组织的行为方式实际上就是一个人在性交过程中的行为模式。男性会追求女性去寻求性结合，抓住她，插入她。但是，这样的话，你只涉及了心理学上的男性化气质中的攻击性因素。当你想到，在某些种类的动物中，雌性动物更加强大更具有攻击性，而雄性动物只是在性结合的行为中更主动时，你或许会怀疑你是否能从以上的观点中获益。例如，蜘蛛就是这样。即使是我们认为最显著的女性化的功能：养育和照顾幼儿，在动物中也不是必然落在雌性身上的。在一些高级物种身上，我们发现两性会共同承担养育幼崽的责任，甚至有些雄性会独自专注于此。即便是在人类的性生活领域，你很快也会看到，将男性化等同于主动性、女性化等同于被动性是多么的片面。一位母亲对她的孩子是名副其实的主动。哺乳行为本身可以被描述为母亲在喂养婴儿或婴儿在吸吮母亲。你越是脱离狭义的性领域，这种"叠加误差"❶愈发明显。女性在诸多方面都展示出极大的主动性，而男性除非发展出极强的被动适应性，否则无法与自己的同性共处。如果你现在告诉我，这些事实恰恰证明男人和女人在心理上是双性的话，我的结论是：你已经在脑海中把"主动性"和"男性化"、"被动性"

---

❶ 即：误把两个不同的东西当成一个。该词的解释参见《精神分析导论》第二讲（Standard Ed., 16, 304）。

和"女性化"关联起来了。但我建议你不要这样做。在我看来，这种做法既没有什么作用，又不能丰富我们的知识❶。

有人可能会认为，女性气质的心理学特征是倾向于被动的目标（passive aims）。这当然和被动性不是一回事，要达到一个被动的目标可能需要很大的主动性。这或许适用于女性的情况，基于女性在性功能中所占的份额，她会把对被动行为和被动目标的倾向性多多少少带入自己的生活，带入的比例或限制了自我，或拓展了自我，因而她的性生活在其中起到了一个模型作用。但是，我们一定不能低估社会习俗的影响，它们同样会迫使女性处于被动地位。所有这些都还悬而未决。我们还不能忽略女性气质和本能生活之间的这种特别恒定的关系。女性对攻击性的抑制，既有先天因素的限制，也有社会因素施加的影响，这些支持了她们强烈的受虐冲动的发展，正如我们所知，它成功地在情欲上约束了转向内在的破坏性趋势。因此，如人们所说，受虐倾向真的是女性化的。但是，假如我们在男性身上发现了受虐倾向，正如我们经常所见的那样，除了说这些男人展现出了非常明显的女性气质之外，你还能说什么呢？

现在，你们已经做好准备了：心理学也不能解释女性气质之谜。毫无疑问，这个解释必然来自他处，除非我们搞清楚生物体总体而言是如何分化成两种性别的，否则也无从解释。对此，我们一无所知，然而，两性的存在是有机生命体与无生命的自然之间最显著的差异。但是，我们发现了足够的证据来研究那些因拥有女性性器官而明显地或主要地呈现出女性化特征的人类个体。根据其独特性，精神分析不会试图去描述女人是什么——这几乎是一个不可能完成的任务——而要去探究她是如何形成的，一个有双性倾向的孩子是如何发育成一位女性的。最近，多亏了精神分析界几位优秀的女同事在这方面的工作，我们对这一问题的了解取得了一些进展。对此的讨论因性别的差异而别具吸引力。因为女士们，无论什么时候听到某个不利于她们性别的比较，就会产生一种怀疑：你们这些男性分析师，还是无法克服某些对女

---

❶ 讨论"男性化"和"女性化"心理意义的困难性参见《性学三论》（Freud, 1905d, Standard Ed., 7, 219-20）中 1915 年增加的一条注脚；还可参见《文明及其不满》（*Civilization and its Discontents*）（Freud, 1930a, Standard Ed., 21, 105-6）第四章结尾一段更长的注脚。

性气质的根深蒂固的偏见，而这正是由我们的研究偏颇而导致的后果。另外，基于双性倾向的立场，我们可以毫不费力地回避这种无礼。我们只需要说："这只是不适用于你而已。你是个例外；在这一点上，你的男性化气质比女性化气质更突出。"

我们带着两个预期来研究女性的性欲发展。第一个预期是，女性构造只有经历再一次的斗争方能适应其功能。第二个预期是，决定性的转折点在青春期之前就已经准备就绪或发展完毕了。很快这两个预期就得到了证实。此外，与男孩的情况相比，我们发现，一个小女孩发育成一个正常女性的历程更加困难和复杂，因为它包含了两个额外的任务，而男性的发展中没有与此相对应的任务。让我们从他们生命最初开始。毋庸置疑，男孩和女孩开始的身体结构是不同的，这不需要精神分析来证明。生殖器结构上的差异伴随着其他的躯体差异，这些差异众所周知，无需提醒。差异也体现在本能倾向上，我们可以从中窥探后天发展出来的女性特质。一般而言，小女孩没有那么咄咄逼人、目中无人和高傲自负；她似乎更需要被爱，并因而变得更加依赖和顺从。也许正是因为这种顺从性，她更容易、更快地就被教会了如何控制自己的分泌物：尿液和粪便是婴儿回馈给照顾者的第一份礼物，掌控它们是儿童被诱导去对本能生活所做的第一次让步。人们也会有这样一种印象：小女孩比同龄的小男孩更加聪明伶俐，她们更频繁地接触外部世界，同时形成更牢固的客体投注（object-cathexes）。我不能说这种发育上的领先已经得到严谨的证实，但无论如何她们不能被描述为智力落后。但是，这些差异不会产生重大影响，它们会被个体差异抵消。我们为了当下的目标也将忽略它们。

两性似乎以同样的方式度过了性欲（libidinal）发展的早期阶段。可能人们会预计女孩的攻击性发展在施虐-肛欲期（sadistic-anal）就开始落后了，但事实并非如此。我们的女性分析师对儿童游戏的分析显示，小女孩的攻击冲动在数量和暴力程度方面并不逊色于男孩。随着他们进入性器期（phallic phase），两性之间的差异完全被他们的共性所掩盖。我们现在不得不承认：小女孩就是一个小男人。我们知道，在男孩身上，这一阶段的标志是他们已经学会了把来自阴茎的性愉悦感与他们的性交观念联系起来。小女孩会用她们的小阴蒂做同样的事情。似乎她们所有的自慰行为都是通过这个与阳具等同的器官完成,而真正女性化的阴道还没有被两性发现。确实也有一些关于早期阴道感觉的个别汇报,但是要把这些感觉与肛门或前庭区(vestibulum)的感觉区分清楚并非易事;不管怎么说,它们发挥的作用还不够大。我们有权坚持自己的观点,即在性器期,女孩的最主要欲源区(erotogenic zone)是阴蒂。当然,不会一直如此。随着女性气质的变化,阴蒂会全部地或部分地将自己的敏感性和重要性移交给阴道。这是女人发展过程中要完成的两个任务之一,而与此同时,更幸运的男性只需要在这个性成熟期继续他在早期的性繁殖阶段所进行的性活动即可。

我们之后再来看阴蒂的功能。现在我们来谈谈女孩在发育过程中肩负的第二个任务。男孩的母亲是他爱恋的第一个对象,在他的俄狄浦斯情结的形成过程中依然如此,并且从本质上而言,终生如此。对女孩而言,她爱恋的第一个对象也必须是母亲(还有和母亲融为一体的奶妈和养母)。儿童最初的对象投注体现在满足了既主要又简单的核心需要的依恋关系之中❶,而且儿童需要的照料环境对两性而言也是相同的。但是,在俄狄浦斯情境中,父亲成了女孩的爱恋对象,我们期望,在正常的发育过程中,她能够找到一条从父性对象到最终的配偶对象之间的道路。因此,在这段时期,女孩不得不改变她的欲源区和对象,而男孩可以依然保持这两者不变。那么,问题就来了,这是如何发生的,尤其是女孩是如何从对母亲的依恋转向对父亲的依恋的?或者,换句话说,她如何从男性化阶段转向生理上注定的女性化阶段的?

倘若我们假定,从某一个特定的年龄段开始,异性相吸的基本影响开始显现,并驱使小女孩走向男人,与此同时,同样的法则允许男孩继续和母亲在一起,那么这将是一个理想的简易解决方案。此外,我们还可以假定,儿童在这里延续了父母所传递出的性偏好的暗示。但是,答案不可能如此唾手可得;我们甚至不知道是否该确信这一力量的存在,虽然诗人们对此热情歌颂,但精神分析却无法对之做进一步分析。通过努力研究,我们可能找到了一个完全不同的答案,至少与此相关的材料变得更容易获取。你们肯定知

---

❶ 参阅《精神分析导论》第 21 讲 (SE. 16, 328-9)。

道，许多女性在长大后仍然会柔情地依赖着一个父性对象，或者依赖对象就是她们的父亲，而这样的女性为数甚多。对于这些和父亲在长时间里保持强烈依恋的女性，我们发现了一些出乎意料的事实。当然，我们知道，她们在初始阶段是依恋母亲的，但是，我们不知道的是，这份依恋的内容会如此丰富，时间会如此长久，而且可能遗留的固着（fixation）和性情（disposition）会如此之多。在这期间，女孩的父亲不过是个烦人的竞争对手；在一些案例中，女孩对母亲的依恋可以持续到4岁之后。我们后来在她与父亲的关系中发现的所有东西，几乎都曾经在早期的依恋关系中出现过，只是依次从母亲转移到父亲身上而已。简而言之，我们相信，如果不懂得女孩依恋母亲的前俄狄浦斯期，就不足以谈女人。

那么，我们很乐意来了解女孩和母亲的力比多关系的本质。答案是，各有不同。由于它们贯穿儿童性欲发展的三个阶段，它们也体现了不同阶段的特点，表达了口欲期、施虐-肛门期和性器期的不同愿望。这些愿望代表了主动的和被动的冲动，如果我们将之与随后出现的性别分化联系起来的话——尽管我们应该尽可能避免这么做——我们可以称其为男性化和女性化。此外，它们是完全矛盾的，既有喜欢热爱又有敌意攻击的特质，后者通常在转变为焦虑观念之后才变得明朗。要把这些早期的性愿望概念化并非易事；表达最清楚的一个愿望是让母亲怀孕，另一个相对应的愿望是为她生个孩子，这两者都属于性器期，虽然匪夷所思，但都被精神分析所证实。这些研究的吸引力在于它们所提供的惊人的具体发现。例如，我们发现，被谋杀或被毒害的恐惧——后期可能构成偏执狂（paranoic）的核心——其实在前俄狄浦斯期就已经出现在与母亲的关系中了。或者再举个例子，你们可能会回想起精神分析研究史中的一个有趣阶段，这曾经给我带来很多苦恼。那时我们主要的兴趣是研究婴儿的性创伤（sex traumas），几乎我所有的女病人都告诉我她们被自己的父亲引诱过。我是在后来才认识到这些报告不是事实，从而明白这些癔症（hysterical）的症状源于幻想而非现实。只有在后期，我才能够识别，这些被父亲引诱的幻想表达了这些女性典型的俄狄浦斯情结。现在，我们在女孩的前俄狄浦斯期再次发现了被引诱的幻想，但引诱者通常是母亲。然而，这次的幻想触及了现实，因为母亲确实做了，她们在清洁孩子的身体时不可避免地激起了，而且可能是第一次唤起了女孩生殖器的快感❶。

我相信，你们要怀疑了：对小女孩和母亲性关系的丰富性和强烈性的描述言过其实了吧。毕竟人们在观察小女孩的时候没有发现这些情况。但这种反对并未切中要害。如果人们知道如何观察的话，那可发现的就太多了。此外，你还要考虑到，一个儿童能带到前意识的表达或可以沟通的那些性愿望何其之少。因此，如果有人在这个情绪领域出现特别明显甚至超前的发育时，我们完全有权借助他们的回忆来研究这个情绪世界的残留和影响。病理学总是通过隔离和夸张的方法，帮助我们辨识出那些在常态中隐含的条件。既然我们的研究对象是一点也不严重的正常人，我认为，我们应该相信这个结果。

现在，我们来看另一个问题：是什么导致女孩对母亲的强烈依恋消亡了呢？我们知道，它通常的命运是：注定要让位给女孩对父亲的依恋。这里，我们偶然发现了一个有助于进一步研究的事实。这一步的发展不仅仅是依恋对象的改变。离开母亲的过程伴随着敌意；对母亲的依恋以仇恨告终。这种仇恨可能变得非常显著，并且终其一生，它可能在以后被认真地过度补偿，通常，一部分的恨会被克服，一部分会被保持下来。后期的遭遇当然会对此产生重大影响。然而，我们只研究女孩在转向父亲时对母亲的仇恨，同时调查一下她这样做的动机。我们经常听到各种对母亲的控诉和抱怨，这证实了儿童的敌意；不过，它们的有效性不同，这有待于我们进一步研究。其中一些是明显的合理化（rationalization），敌意的真正根源还需要继续探究。我在这里带大家一起了解精神分析研究的所有细节，希望你们也有兴趣。

---

❶ 在关于癔症病因的早期论述中，弗洛伊德经常提及成人的引诱，并把它视为癔症最常见的成因［可参阅关于《防御的神经精神病》第二篇文章（Freud, 1896b, Standard Ed., 3, 164）和《癔症的病因》（The Aetiology of Hysteria）（Freud, 1896b）］。但是从这些早期出版物来看，他却没有在任何地方归咎于女孩的父亲。在1924年《全集》（Gesammelte Schriften）（德语版）的《癔症研究》（Studies of Hysteria）的重印本增加注脚时，他承认在两个场合中隐瞒了父亲的责任。然而，在1897年9月21日给弗利斯的信（Freud, 1950a, Letter 69）中，他清楚地说明了这个事实。他在信中第一次表达了对病人故事的怀疑。对这个错误的公开承认，要到几年后的《性学三论》（Freud, 1905d, SE., 7, 190），而且是以暗示的方式提出的。但是，对这一态度更详细的说明，出现在洛温菲尔德编辑的那一卷关于神经症的病因中（Lowenfeld, 1906a, 7, 274-5）。后来他两次说明了这个错误发现对他思想的影响，见《精神分析运动史》（Freud, 1914d, 14, 17-18）和《自传研究》（Auto-biographical Study）（Freud, 1925d, 233-5）。本文中描述的进一步发现在《女性性欲》（Female Sexuality）（Freud, 1931b, 21, 238）中已经有所预示。

对母亲的谴责，最早可追溯到她的母乳太少——这被解读为她的母爱不足。现在这种谴责在我们的家庭中还被认为是正当的。母亲经常没法给孩子提供足够的营养，仅愿意母乳喂养几个月、半年或9个月。而原始人的母乳喂养则长达两三年。通常奶妈的形象和母亲是融合在一起的；如果这种融合没有发生，那么谴责就指向其中的一方：奶妈是愿意喂奶的，而母亲太早辞退她了。但是，无论真相如何，儿童的谴责通常不可能是正当的。相反，儿童对最早期的营养需求似乎贪得无厌，永远无法走出失去母亲乳房的痛苦。毫无悬念的是，如果我们分析一下原始儿童，他们在会说话会走路的时候还叼着母亲的乳房，但他们对母亲同样会有谴责。被毒害的恐惧也可能跟断奶相关。毒药是让人生病的营养品，或许儿童把小时候生病都归因于这种挫折感。一定的知识教育是相信偶然的前提条件；原始人和没受过教育的人，当然还有儿童，他们对世间一切发生之事都赋予一个缘由。或许这一缘由最早是泛灵论。即使在今天，一些人群仍然相信，人的死亡一定是被他人所害——通常是医生。神经症病人在面对自己亲近之人死亡的通常反应是，责怪自己是造成亲人死亡的人。

当婴儿室内出现另一个孩子时，对母亲的另一种谴责也爆发了。它可能还与口欲受挫有关系：母亲无法或不能再喂奶了，因为她要为新生儿喂奶。如果两个孩子年龄过于接近，第一个孩子的母乳要被第二个孩子分走的话，对母亲的谴责就有了现实的基础。值得注意的是，即使两个孩子年龄相差只有11个月，第一个孩子也不会对周围环境毫无察觉。但是，孩子对闯入者和竞争者的怨恨不仅仅因为吃奶，还包括一切形式的母性关怀。他感到自己的地位被推翻了，权利被剥夺了，受到了不公平对待；他把妒忌投向新生儿，把怨恨指向不忠诚的母亲，因而表现出一系列令人讨厌的行为。他可能变得淘气、易怒、不听话，在已经取得了成就的如厕训练上开始退步。大家对此并不陌生，而且觉得这都是不言自明的，但是对妒忌冲动的强度、顽固度及其影响力，却没有一个正确的认识。这种妒忌在儿童后期会不断滋长，而且每当有小弟弟或小妹妹出生，这种妒忌都会重复出现。即使这孩子仍然是母亲偏爱的对象，结果也不会不同。儿童对爱的需求是没有止境的，他们要的是专一，不容许分享。

儿童对母亲的敌意很大程度上来自于其各种各样的性愿望，这些愿望随性欲发展阶段而有所不同，但绝大部分无法得到满足。最大的挫折发生在性器期，如果母亲禁止与生殖器有关的快乐活动——通常的做法是严厉威胁和行为惩罚——但归根结底这些活动又是她自己介绍给孩子的。人们会想，这些已经足以解释女孩远离母亲的原因了。倘若如此，那么我们可以断定，这种纠结的起因必然是儿童性欲的本质、对爱的无节制的需求和他们性愿望的不可实现性。确实可以这么认为，儿童的第一段爱恋关系注定要消亡，其原因正是在于它是第一段关系，这些早期的客体投注在很大程度上是相互矛盾的。强烈的攻击倾向与强烈的喜欢如影相随，爱之愈深，失望和受挫愈深，最后，爱愈演愈烈变成仇恨。或许，人们会反对上述情欲投注中的原始矛盾性，并指出，即使是最温柔的抚养，也无法避免使用各种强制手段和约束行为，而且任何对儿童自由的干预必然会激起他们的叛逆和攻击。我认为，最有趣的部分就在于讨论各种可能性，但是突然有另一个反对的声音改变了我们研究的方向。所有这些因素——冷遇、失望、妒忌、紧随诱惑之后的禁止——毕竟也存在于男孩和母亲的关系中，但却没有让男孩疏远母性对象。除非我们可以找到某种特定的东西，它是女孩特有的，男孩并不具备，否则我们无以解释女孩对母亲依恋的终结现象。

我相信，我们已经发现了这一特定因子，而且还是在我们预期之处发现的，尽管发现的方式出人意料。因为它存在于阉割情结之中。毕竟，两性之间的解剖学差异必然会在心理学上有所体现。然而，精神分析的惊人发现表明，女孩坚持认为母亲要为她们缺失阳具负责，而且不能原谅母亲，因为这一点让她们处于劣势。

那么，如你所知，我们认为女性也有阉割情结。虽然这与男孩的情结表现方式不同，但我们有足够的理由相信其存在。对男孩而言，他们是在看到了女性的生殖器之后才认识到，他们如此宝贵的器官原来并非一定要与身体相伴随，随后才产生了阉割情结。这时，男孩突然想起了自己玩耍那个器官时听到的威胁，他开始信以为真，并受到了惊吓，害怕被阉割，这种恐惧成为他后期发展的最强动机。女孩的阉割焦虑也开始于对异性生殖器的观察。她们立即意识到了差异，而且必须承认的是，也意识到了重要性。她们觉得非常委屈，经常说她们也想要个"类似的东西"，从而成为"阴茎嫉羡"的受害者，这对其后期发展和性格形成留下了不可磨灭的痕迹，即使是最得宠的儿童，不消耗大量的心理能量也无法克服这种嫉羡。女孩意识到自己没有阳具这一事实，但并不代表她很容易接受这一事实。相反，有很长一段时间她仍然期望自己拥有那个东西，而且历经多年她还相信这一可能性；精神分析表明，在现实情况否定了愿望实现的可能性之后，它在其无意识中继续存在，并获取了大量的能量投注。不管怎样，这一渴望得到阳具的愿望最终将驱使一位成熟的女性进入精神分析，她对精神分析的期望——比如从事智力型职业的能力——可能经常被认为是这种被压抑的愿望的升华方式。

人们无法质疑阴茎嫉羡的重要性。如果我宣称，嫉羡（envy）和妒忌（jealous）对女性心理的影响大于男性，你们可能觉得这对男性不公平。我并不是说男性没有这些特点，也不是说其唯一根源就是阴茎嫉羡，而是倾向于主张，对女性而言，嫉羡和妒忌所占比例更大的原因在于阴茎嫉羡。然而，一些精神分析师轻视了早期阴茎嫉羡在性器期的影响。他们认为，我们在女性身上发现的这种态度主要是一种次生结构（secondary structure），它是因为后期的冲突退行到这些早期婴儿冲动而导致的。这是深蕴心理学的一个普遍问题。在许多病态的或不寻常的本能态度中（例如，所有的性变态），一个普遍的问题是，它们的力量有多少可以归因于早期婴儿期的固着，有多少可以归因于后期经验和发展的影响。在这种情况下，它几乎总是一个互补系列的问题，正如我们在讨论神经症的病因时所提出的❶。两者都以因果关系起作用，此消彼长，以此平衡。婴儿期因素为所有情况设定了模式，尽管其通常是决定性的因素，但不代表它总是这样。在阴茎嫉羡这一点上，我要坚决拥护婴儿期因素的优势影响。

发现自己被阉割是女孩成长过程中的一个转折点。由此延伸出三条发展的路径：第一条指向性抑制或神经症；第二条指向男性气质情结（masculinity complex）意义上的性格转变；第三条指向正常的女性气质。对这三条路径，我们虽然没有了解透彻但已经取得一些认识。

---

❶ 参见《精神分析导论》的第 22 和第 23 讲（Standard Ed., 16, 347, 362, 364）。

第一条路径的基本内容如下：小女孩迄今以男性化的方式生活，能够从阴蒂兴奋中获得快感，并把这一活动和指向母亲的性愿望（通常是主动的）关联起来；现在，受阴茎嫉羡的影响，她丧失了阳具的快感。她的自体之爱（self-love）在和男性的优势装配的比较之中受到伤害，因此，她放弃了阴蒂自慰的满足，否定了对母亲的爱，与此同时，频繁地压抑大部分的性倾向。无疑，她对母亲的疏离不是瞬间发生的，它开始于将自我的阉割视为个人的不幸，这一不幸慢慢地延伸到其他女性，最后延伸到母亲。她的爱原来是指向阳具母亲（phallic mother），在发现母亲也被阉割之后，她就放弃了母亲这个对象，于是，压抑已久的敌意动机就开始占了上风。因此，对女孩而言，发现女性缺失阳具的结果是女性的价值被贬低了，就像很多男孩和男人所认为的那样。

你们已经知道，我们的神经症病人将其病因主要归咎于自慰。他们觉得这是所有烦恼的原因，我们很难说服他们改变这种误解。实际上，也许我们应该承认他们是对的，因为自慰是婴儿期性欲的执行方式，而他们确实因其错误发展而备受折磨。不过，神经症病人责怪的多是青春期的自慰，他们多数忘记了婴儿期的自慰，其实这才是真正的症结。我希望以后有机会再来跟大家讲讲，婴儿期自慰的真实状况对个体之后的神经症或性格是多么的重要：自慰被发现了吗？家长是极力反对还是允许？他自己是否成功地抑制了这种行为？所有这些都对他的发展留下了永久的痕迹。但总的来说，我还是很高兴自己不用做这个工作。它既困难又枯燥，而且，如果你们让我给家长或教育者提供一些处理小孩自慰的建议的话，我也会很尴尬的❶。从女孩的发育来看，这也是本讲的内容，我可以提供女孩是如何努力摆脱自慰的例子。她在这方面不一定总是成功。如果阴茎嫉羡激发了反对阴蒂自慰的强烈冲动，但阴蒂自慰又拒绝让步，一场激烈的自由保卫战就打响了，在此，女孩自己取代了被罢黜的母亲，把对劣势阴蒂的所有不满都用于抵制从阴蒂中获得快感了。多年以后，虽然她的自慰活动长期以来一直被抑制，但自慰的兴趣仍然存在，我们必须把它解释为一种对仍然让人害怕的诱惑的防御。这

---

❶ 弗洛伊德对自慰的详细阐述参见他在维也纳精神分析学会上发表的一篇主题演讲（1912f, Standard Ed., 12, 241, ff.），而且他还提供了一些其他参考信息。

种兴趣表现为对有类似困难的人的同情，同时它是谈婚论嫁的一个动机，它的确可以决定女性对丈夫或情人的选择。处理婴儿早期的自慰虽非易事，但事关重大。

在放弃阴蒂自慰的过程中，一定的主动性也被放弃了。现在被动性占据上风，女孩转向父亲的过程主要得益于这些被动本能冲动的帮助。你们可以看到，这样的发展浪潮清除了性器期的主动性，为女性气质的发展铺平了道路。倘若压抑的过程中主动性没有丧失太多，女性气质还是可以正常发展的。女孩转向父亲的愿望无疑来自于对阳具的愿望，对此母亲已经拒绝满足，现在她把期望寄托于父亲。当对阳具的欲望被想要一个孩子的愿望所取代，根据古老的象征等式：孩子＝阴茎，那么这个女性化情境才建立起来。我们注意到女孩在平静的性器期早期也想要一个孩子，这是喜欢娃娃游戏的原因。不过这个游戏并非女性气质的体现，它只是一种对母亲的认同，企图用主动性代替被动性。她来扮演妈妈，娃娃代表她自己，她为娃娃做的正是妈妈为她做的。直到对阳具的愿望涌现，娃娃才变成了一个来自父亲的孩子，这是她女性愿望的最大目标。如果想要孩子的愿望后来在现实中实现，她会很快乐，如果孩子是个带把的男孩，她会更快乐。在"来自父亲的孩子"这一组合画面中，重心在于孩子而非父亲。通过这种方式，我们仍然可以在已经形成的女性气质中依稀看见渴望拥有阳具的古老的男性化愿望的影响。但是，或许，我们应该承认这种阳具渴望正是最典型（*par excellence*）的女性化愿望。

随着阳具-孩子的愿望转移到父亲身上，女孩进入了俄狄浦斯情结。她对母亲的敌意，无需新建，会进一步强化，因为母亲此刻变成了情敌，她从女孩父亲那里得到的东西正是女孩所期望的。我们认为，女孩在前俄狄浦斯期对母亲的依恋，尽管它十分重要并造成了持久的固着，但是俄狄浦斯情结遮盖了这一点。对女孩而言，俄狄浦斯情结是漫长且艰难发展的结果；它是一种初步的解决方案，一个无法很快放弃的宁静状态，在即将到来的潜伏期早期更是如此。现在，我们被两性之间的重大差异所震惊，尤其是涉及俄狄浦斯情结和阉割情结。对男孩而言，他的俄狄浦斯情结，即渴望母亲和杀死竞争对手的父亲，是在性器期自然发展出来的。但是阉割焦虑迫使他放弃这种态度。在失去阳具的恐惧之下,俄狄浦斯情结被放弃了、被压抑了,多数时候被摧毁了,由此一个严苛的超我作为继承人出现了。对女孩而言,这几乎是相反的。阉割情结是为俄狄浦斯情结筹谋而非摧毁它;女孩因为阴茎嫉羡的影响而离开对母亲的依恋,她进入俄狄浦斯情结就像到了一个庇护的天堂。由于没有阉割恐惧,女孩缺乏了那种引导男孩克服俄狄浦斯情结的主要动机。女孩在这一情结中停留的时间不能确定,她们后来会废除它,但不彻底。由此超我的形成必然受损,它也无法获得文化意义上的力量和独立性;当我们指出它对一般女性特征的影响时,女性主义者并不乐意。

我们再来回顾一下,我们提到了对发现女性被阉割的第二种可能反应,即强烈的男性化情结的发展。对于这一点,我的意思是,女孩拒绝承认这一不争的事实,表现出公然的反叛,甚至夸大她之前的男性气质,固守阴蒂活动,遁入一种对阳具母亲或父亲的认同之中。支持这个结果的决定性因素是什么呢?我们只能假设,它是某种体质因素,是更强的主动性,就像男性通常具有的特征一样。然而,不管它是什么,这个过程的本质在于:在发育的这个阶段,女性气质发展所需的被动性被回避掉了。这种男性化情结发展的极端结果,貌似会影响她们的对象选择,从而明显地表现为同性恋。精神分析的经验确定地告诉我们,女性同性恋很少或绝不是婴儿期男性气质的直接延续。即使对这类女孩而言,她也会爱恋父亲一段时间,并进入俄狄浦斯情结。但是之后,由于她对父亲无法避免的不满意,她退行到了婴儿期的男性化情结。我们不能夸大这些不满意的重要性,注定发展出女性气质的女孩也无法避免这些不满意,尽管两者的影响不同。我们无法否认体质因素的优势作用,但是女性同性恋的两个发展阶段极佳地体现在了同性恋者的行为中:她们既通常互相扮演母亲和婴儿,又明确地扮演丈夫和妻子。

我在这里所谈的可以说是女性的史前史。它是精神分析最近几年的成果,我想这个精神分析的详尽案例已经引起了你们的兴趣。既然它的主体是女性,我便在此冒昧提及对此研究做出贡献的几位杰出女性。鲁斯·马可·布伦斯威克(Ruth Mack Brunswick, 1928)博士第一个描述了一个神经症的案例,她将其问题追溯到对前俄狄浦斯期的固着和从未真正到达俄狄浦斯情结。该案例的表现形式是嫉妒妄想,而且可通过治疗获益。珍妮·兰普尔·德格鲁特（Jeanne Lampl-de Groot，1927）博士通过一些可信的观察证实了女孩指向母亲的不可思议的性器期活动。海伦妮·多伊奇（Helene Deutsch，1932）博士证实女性同性恋再现了母婴之间的关系。

追踪女性气质在青春期到成熟期的发展，并非我的意图，而且我们对此的理论储备也不充分。但我接下来会集中介绍一些特征。以女性的史前史为出发点，我仅强调一点，在这个阶段，女性气质的发展仍然会受到早期男性化残留现象的干扰。同时，她们会频繁地退回到前俄狄浦斯期的固着之中；在一些女性的生命过程中，总有一些阶段是两者交替的，要么男性化占据上风，要么女性化占据上风。我们男人认为的"女性之谜"可能部分源于女性生活中的这种双性恋的表达。但是，在研究过程中，对另一个问题下个定论的时机成熟了。我们把性生活的动力称为"力比多"（libido）。性生活受男性化-女性化两个极点的支配，这暗示了我们需要考察力比多和这组对立面的关系。如果能证明每种性别都有其特定的力比多特点，一种力比多追求男性化的性生活，一种力比多追求女性化的性生活，那么这种观点就不足为奇了。然而，事实并非如此。实际上力比多只有一种，它同时服务于男性化和女性化两种性功能。我们无法给它指派性别；如果沿袭把主动性等同于男性化的传统观点，我们倾向于把力比多描述为男性化的，但我们不能忘记它也包含了被动性的倾向。女性化力比多的说法没有任何根据。我们的印象是，当力比多被迫服务于女性功能时，它的应用受到了更多的限制；而且——从目的论而言——大自然对女性需求（功能）的关注少于对男性需求的关注。不关注的原因——再次从目的论来看——在于这样一个事实：生物学的目标实现已经分配给男性的攻击性了，而且在某种程度上它不需要征求女性同意就可以实现。

我们对女性**性冷淡**（sexual frigidity）（通常体现在性行为的频率上）的认识尚不充分。有时性冷淡的原因在于心理冲突，这种情况我们是可以治疗的；有时，它的原因可能在于体质甚至是解剖学因素。

我承诺了要告诉你们一些精神分析观察到的关于成熟女性气质的心理特征。我们没有说这些推测的效果高于一般水平，也很难区分哪些特质是受性功能影响的，哪些是受社会因素影响的。例如，我们把大多数的自恋归于女性气质,这也会影响她们的对象选择,因而她们更需要被爱而非爱人。阴茎嫉美也会对女性的虚荣心产生影响,因为她们一定会高估自己的魅力,以此来补偿她们身体早期的性劣势❶。羞耻,通常被视为一种典型的女性特征,也许比我们寻常所想有更多的含义,我们认为它是有目标的,用于掩饰生殖器的缺陷。我们也不能忘记羞耻在发展后期还具备其他功能。在文明史的发明和创造中,女性貌似没有做出多大贡献;但是,她们发明了一种技术——编织技术。如果这是事实,那么我们不禁要去揣摩这一成就的无意识动机。大自然在人的成熟期会赋予人类毛发来遮掩生殖器,这似乎给女性的编织成就提供了可以模仿的样式。在我们的身体上,这些毛发线条长进皮肤里并且交织在一起。当然,如果你觉得这个想法是一种幻想,觉得缺失阳具会影响女性气质的形成这个观点是一种偏见(idée fixe)的话,我也无法辩解。

  因掺杂了社会条件,女性选择对象的决定性因素经常模糊难辨。倘若可以自由选择,那么她们通常会按照自己的男性化的理想自我来选择。如果女孩还停留在对父亲的依恋之中,即俄狄浦斯情结,那么她的选择参照就是父性类型。因为,当她从母亲转向父亲时,她对矛盾关系的敌意还保留在母亲身上,这样的选择应该能保证一段幸福的婚姻。但是,由于矛盾心理,通常的结局非但没有解决这种冲突,反而构成了一个普遍的威胁。这种遗留下来的敌意也延续到了积极的依恋之中,并蔓延到新的对象身上。女性的丈夫,虽然开始的时候继承的是父亲,但随后也会成为母亲的继承者。因而经常出现的情况是,女性在后半生中充满了对丈夫的反抗,就像她很短的前半生中充满了对母亲的反抗一样。如果这种反应可以被修通,那么她的后半段婚姻还是有可能幸福的❷。女性本质的另一个改变,可能发生在婚后第一个孩子出生之时,虽然她们的爱人对此毫无准备。由于女性自己变成了母亲,她对自己母亲的认同可能会被激活,虽然她在婚前一直在反抗这种认同,而且这种认同会吸收所有可用的力比多,所以这种强迫性重复会让她重演她父母之间的不幸婚姻。母亲对所生孩子性别的不同反应表明,即使到今天,缺少阳

---

 ❶ 参见《论自恋》(*On Narcissism*)(Freud, 1914c, Standard Ed., 14, 88-9)。
 ❷ 弗洛伊德之前讨论过这个观点,参见《处女的禁忌》(*The Taboo of Virginity*)(Freud, 1918a, Standard Ed., 11, 206)。

具这一古老因素也没有失去其影响力。母亲只有在与儿子的关系中才能获得无限的满足；这才是那个最完美的、最能让人从各种矛盾关系中解脱出来的关系❶。母亲把自己被迫压抑的宏图大志都转移到了儿子身上，期望他可以满足她的男性化情结中未完成的事项。甚至只有当一个妻子把丈夫当成儿子，像一个母亲那样对待他时，她的婚姻才会安全。

我们可以把女性对母亲的认同分为两个阶段：第一个阶段是前俄狄浦斯期，她对母亲的依恋以喜爱为主，并以她为模型；第二个阶段是俄狄浦斯期，她试图摆脱母亲，并用父亲来代替母亲。我们有足够的理由认为，这两个阶段的大部分内容都遗留到了女性的未来发展之中，而且这两个阶段的问题在发展过程中未得到彻底解决。但是，对母亲温情依恋的前俄狄浦斯期对女性的未来有决定性意义：它为女性习得某些特征做了准备，这些特征有助她完成在性生活中所扮演的角色和完成无可估量的社会功能。也正是在这种认同中，她吸引了男性，他们对母亲的俄狄浦斯式的依恋点燃了爱情的火花。然而，通常的状况是，他的儿子才会得到他自己渴望的一切！我们都会有这样一种印象：男人的爱和女人的爱体现了不同的心理阶段。

女性的正义感比较薄弱这一事实，无疑跟嫉妒在其心理生活中占主导地位有关；因为对正义的需求会修正嫉妒，它规定了一个可以将嫉妒搁置一旁的条件。我们还认为，女性对社会的兴趣没有男性浓厚，她们对本能的升华能力也没有男性那么强大。前者无疑和她们在所有性关系中所表现出来的孤僻特质有关。恋人们在彼此身上就得到了满足，家庭也反对融入到更复杂的组织中去❷。升华能力体现了最大的个体差异。另外，我不禁想到精神分析实践中常见的一个现象。一个 30 多岁的男性给我们的感觉是年轻的、不太成熟的，但我们还是可以期望精神分析能为他打开发展的各种可能性。然而，一个 30 多岁的女性却表现出令人震惊的僵化和不可改变性。她的力比多固守在最后的位置之上，不愿做出任何改变。看不到进一步发展的可能，

---

❶ 弗洛伊德第一次提出这个观点是在《群体心理学》（Group Psychology）的第 6 章（Freud, 1912c, Standard Ed., 18, 101n）。他后来重申这一观点，详见《精神分析新论》第 13 讲（Standard Ed., 15, 206）和《文明及其不满》（Civilization and its Discontents）（1930a）的第 5 章（Standard Ed., 21, 113）。

❷ 参阅《群体心理学》第 12 章（Freud, 1912c, Standard Ed., 18, 140）。

似乎整个过程已经完成，而且此后很难受外界影响了——的确，在发展女性气质的艰难旅途中，她已经穷尽所有可用的资源。作为治疗师，我们对此表示遗憾，即使我们可以通过消除她们的神经质冲突来帮助她们结束病痛。

以上就是关于女性气质的全部。它们还有不完善和不全面之处，可能听起来也不那么顺耳。但是不要忘记，我在这里描述的女性本质仅限于由性功能决定的部分。这部分确实影响深远，但我们不能忽略一个事实，即一个女人从其他方面看也是一个真正的人。如果你对女性气质还想了解得更多，你可以观察自己的生活经验，或者阅读诗歌，或者等待科学为你提供更深刻、更连贯的信息。

第二部分
对《女性气质》的讨论

女性气质与俄狄浦斯情结

南希·库里希❶（Nancy Kulish）& 迪恩娜·霍茨曼❷（Deana Holtzman）

摆在我们面前的问题是："女人的性生活是以俄狄浦斯情结为基础的吗？"我们的答案是，既是也不是。之所以说是，因为，我们相信在3～6岁这个三角期（triangular phase）或俄狄浦斯期出现的冲突和议题，对小女孩的未来发展至关重要。这些冲突和议题对女人的总体发展，尤其是性欲发展有结构性的影响。之所以说不是，因为，尽管弗洛伊德提出的俄狄浦斯情结动力学为解释人类经验提供了有力的说明，但是，在我们看来，它在女性身上的应用却并非那么严谨或妥当。在《女性气质》（Freud，1933）中，弗洛伊德提出了女性发展的"终极结论"，包括"女性俄狄浦斯情结"。在接下来的几年里，这些观点不断被修正、重构和否定。我们将只关注与"俄狄浦斯"或三角期相关的概念。在这篇论文中发现的有问题的观点有以下几点：

① 女孩必须改变自己原来的力比多对象（从母亲到父亲）才能到达女

---

❶ 南希·库里希是底特律大学的心理学副教授，韦恩州立大学医学院精神病学系教授，同时也是密歇根州精神分析学院的训练分析师和督导师。目前，她是《精神分析季刊》（*Psychoanalytic Quarterly*）和《国际精神分析杂志》（*International Journal of Psychoanalysis*）的编委会成员。她的研究领域涉及女性性欲、性别、移情与反移情，以及从青春期到终老。

❷ 迪恩娜·霍茨曼是一名训练和督导分析师，是密歇根州精神分析学院的前主席。她是韦恩州立大学医学院精神病学系的副教授，底特律大学的心理学副教授，她因在女性心理和女性性欲方面的研究而出名。她是西格蒙德·弗洛伊德档案馆的现任主席，目前在密歇根州的布隆菲尔德山私人执业。她出版了多本著作，包括《永不复返：处女膜与失贞》（*Nevermore: The Hymen and the Loss of Virginity*）（1996）、《她的故事：对女性俄狄浦斯情结的再思和再命名》（*A Story of Her Own: The Female Oedipus Complex Reexamined and Renamed*）（2008）（与南希·库里希合著）。

性的位置。

② 女孩在前俄狄浦斯期对母亲的依恋格外强烈和持久。

③ 女孩的阉割情结和阴茎嫉羡终结了对母亲的依恋，从而进入俄狄浦斯期。

④ 阴茎嫉羡是女性的终生特点，其根源在于缺少阴茎。

⑤ 想要一个孩子不能被视为一个女性的愿望，相反，它是想要一个阴茎愿望的无意识移置。

⑥ 和男孩相比，女孩待在俄狄浦斯情结的时间会更长，因为她们缺乏阉割焦虑，所以没有足够的动机来解决俄狄浦斯情结。

我们认为，"女性俄狄浦斯情结"的基础是男性模型，我们将根据希腊的神话——珀耳塞福涅（Persephone）和得墨忒尔（Demeter）——为女性发展提出一个替代观点。我们把这个三元期称为"珀耳塞福涅期"，将与此相关的冲突称为珀耳塞福涅情结。我们认为，"女性俄狄浦斯情结"的概念是一种矛盾修辞法（oxymoron）。

改变概念通常需要改变与其相关的语言。我们使用的词汇、选择的人名，都为我们的理解设立了语境。语言塑造了感知和期望，它组织了我们的思维方式。当我们想到"俄狄浦斯"，我们就会想到"阉割"和"阴茎嫉羡"，而不会想到"怀孕"或"子宫"；当我们说到小女孩的"性器期-俄狄浦斯期"，其实我们已经偏离——并否决了（英文是 foreclose，德文是 *Verwerfung*——译者注）——女孩的重要发展需求：认同母亲和发现自己女性身体的精妙与快乐。因此，我们提出，珀耳塞福涅和得墨忒尔的神话更贴近女性的三角情境，也更适合用来命名它（Kulish & Holtzman, 1998, 2008）。我们确信，这个名称的改变不是表面的，而是实质性的：正如故事本身所呈现的那样，名称的改变是重新认同的重要举措。它使得我们摆脱旧有的对女孩和女性的错误认识，赋予我们以更真实的体验来思考其发展和生活的新能力。

那么，从当代精神分析的角度来看，女孩三角期或俄狄浦斯情结需要重新审视的领域有哪些呢？首先是进入三角情境。其次是重新审视与母亲认同的作用。弗洛伊德并不看重女孩对母亲认同的重要性，尤其是在女孩想要孩子的愿望、期望扮演母亲的角色和按照不同的方式塑造自己这几个方面。第三个领域涉及三角情境的动力学。男孩和女孩的三角化客体关系的面貌是不同的，因而这些动力的攻击性和竞争性的表达方式也有所差异。第四个领域呼吁了对*女性身体*的重构。弗洛伊德在建构女性的三角期时，重点强调了女性所缺乏的。但是这些观点——现在归于"原初女性气质"（primary feminity）的范畴之内——却没有涉及女性的身体在三元期所扮演的角色，即她们*拥有什么*，而不只是看她们缺失了什么。第五是*俄狄浦斯情结的解除和超我形成的重要议题*。弗洛伊德断言，女孩因缺乏阉割焦虑这一动机，永远也无法解决三角情境，因而她们的超我发展是妥协的、不牢靠的。对于这种将阉割焦虑视为俄狄浦斯情结解除和成熟超我形成的必要条件的观点，我们表示异议。

珀耳塞福涅和得墨忒尔的神话

如上所述，我们认为珀耳塞福涅和得墨忒尔的神话比俄狄浦斯的神话更适合描述女性的三角冲突和相关议题。两个神话都描述了我们人类必经的两难困境——困扰男性的"俄狄浦斯"冲突和困扰女性的"珀耳塞福涅"冲突。珀耳塞福涅和得墨忒尔的神话让古代人痴迷，数世纪以来，它启发了普通民众的宗教信仰和宗教仪式，也引发了不同文化中诗人、哲学家和艺术家的兴趣。

这一神话有多个版本。最古老和最完整的版本是《致得墨忒尔的荷马颂诗》（Foley，1994）；我们将参考福利（Foley）1994年的翻译版。故事是这样的：科莱（Kore）是谷物之神得墨忒尔和众神之王宙斯的小女儿。她正在和其他的年轻女孩采花，突然被一朵美丽的水仙花吸引，她从母亲身边走开来摘花❶，突然大地裂开，冥王哈德斯（Hades）把她诱拐到自己的领地（哈德斯是宙斯的兄弟，所以就是科莱的叔叔），没有人听到她的哭喊。当科莱在《荷马史诗》中再次出现时，她和哈德斯正在冥界（underground）：他"和

---

❶ 易于繁殖的水仙花是繁衍的象征。福利认为，珀耳塞福涅被那朵诱人的花吸引就说明她已经准备进入人生的新阶段了。神话中的女孩经常会在草地上采花时被掳走。

配偶躺在床上，而她很羞涩，很不情愿"（Foley，1994：20）。这个故事的其他一些版本把强奸写得更露骨。值得注意的是，在她被诱拐和失去童贞之前，她的名字是科莱，它在希腊语中的字面意思是少女或处女。之后，她有了一个新的名字——珀耳塞福涅，冥界王后。

得墨忒尔失去了女儿。她从奥林匹斯山上下来，疯狂地寻找女儿。处于悲伤和愤怒之中的她给地球带来了干旱和饥荒，直到她最终找到珀耳塞福涅。女神得墨忒尔乔装成一个老妇人，到一个凡人家庭去做仆人，照顾他们的孩子德莫丰（Demophoon）。"悲伤到无言"（Foley，1994：12），得墨忒尔不吃不喝。有一位年长的女仆人鲍勃（Baubo）[有时也被称为伊阿姆柏（Iambe）]在逗趣一个沮丧的客人，她撩起自己的裙子露出了生殖器。这个粗鄙的笑话让得墨忒尔走出抑郁，开始进食。

宙斯被吞没大地的灾难触动，终于介入此事。他说服哈德斯释放珀耳塞福涅。根据两位大神之间的协议，珀耳塞福涅只有在冥界不吃东西时才会被释放。哈德斯将石榴"偷偷地递给她"，命令珀耳塞福涅吃一颗石榴籽（有些版本写的是7颗或8颗），这一行为违背了双方的协议。后来当得墨忒尔问起的时候，珀耳塞福涅说，是哈德斯"强迫我品尝的"（Foley，1994：22）。对于吃石榴籽的这个行为，有的版本将其解释为自愿的，有的版本将其解读为非自愿的，女孩对此或许不知，或许知晓❶。无论如何，在打破了在冥界不进食的禁令之后，珀耳塞福涅现在每年必须有一段时间待在冥界。在经典的神话中，"吃种子"象征性地暗示了性结合，这把她和哈德斯绑在了一起（Foley，1994：56-57）❷。所以，她和哈德斯达成了协议，珀耳塞福涅一年中三分之二的时间和母亲在一起，三分之一的时间在冥界做哈德斯的王后。这个妥协是季节起源的古老解释。当珀耳塞福涅回到冥界和丈夫在一起的时候，地球就进入了冬季；当她回到母亲身边的时候，地球就进入了百花盛开的春天和夏天。这首诗以得墨忒尔创立流行的埃勒夫西斯节（或四

---

❶ 在不同版本的神话中讲述和重述种子故事的模糊性和变异性，首先暗示了我们在涉及女性性冲动的意志方面存在冲突和防御观念。弗洛伊德（Freud，1900a）写到，梦中的修饰、重复、离奇和迂回是审查机制和冲突存在的证据。我们承认文化、历史和其他因素是不同版本的变量因素，但是，我们也知道，把神话解释为梦是一种危险的跳跃。

❷ 在精神分析实践中，食用种子是儿童的一种常见幻想——口服受孕。

季节)(Eleusinian)结尾。

我们认为,珀耳塞福涅的神话比以男性为原型的俄狄浦斯神话更能捕捉到女性的"俄狄浦斯"冲突及其典型解除方法❶。像我们一样,一些精神分析学者也把珀耳塞福涅的神话解读为"召唤出重要的女性动力"(Burch,1997;Chodoro,1994a;Tyson,1996)。我们再次强调一下这个故事中的四个方面。①它代表了女孩失去童贞并进入成人的异性恋:女孩步入了成人的性世界,当她离开母亲时无疑会激活从三元期开始的忠诚冲突和分离冲突;②它将母女之间的分离和修复主题戏剧化了,这是女性三角情境中的核心议题;③它刻画了一个可能达成的妥协,这个妥协虽然不完美,但可以解决对父亲和母亲的爱、欲望和忠诚的冲突;④它清晰地刻画了女性的发育周期、生育和怀孕的主题。

珀耳塞福涅和得墨忒尔的传说是一个乱伦的情欲故事,就像俄狄浦斯的故事一样。它开始于诱拐和引诱,或者说可能是强奸。有人认为珀耳塞福涅是自愿离开母亲的,她被未知的感官所吸引,那是她渴望采撷的美丽花朵。她可能一开始不愿意投入哈德斯的怀抱——如之前所说——但她也不是一心一意想要离开他。她的矛盾就体现在她吃下的种子上,这是一种象征性的性行为,她或是被欺骗的,但也许是故意的。得墨忒尔也是一个被情欲吸引的人物。她之所以摆脱了灾难性的抑郁,是因为她看到了鲍勃展现的女性生殖器。

这个故事也可以被视为一个同性恋的爱情。得墨忒尔对珀耳塞福涅的爱充满了激情且十分浓烈。福利(Foley,1994)告诉我们,得墨忒尔为丧女之痛所作的挽歌从希腊语来看实际上是一首爱情诗。她注意到其中一段是描述母女之间的眼神接触的,其中暗含了性的欲望。"通常在希腊诗中,这类语言暗示了情爱的主题:对希腊人而言,爱情始于眼睛。"(Foley,1994:58)当她们分开时,珀耳塞福涅和得墨忒尔用石柑子(一种植物,*pothos*)互相扎对方,石柑子在希腊语中暗示了性(Foley,1994:131)。

---

❶ 和俄狄浦斯神话一样,珀耳塞福涅和得墨忒尔的故事也是以乱伦为主题的。得墨忒尔和宙斯是兄妹,他们有一个孩子是珀耳塞福涅;哈德斯是宙斯和得墨忒尔的兄弟,因此也是珀耳塞福涅的叔叔。

在许多关于年轻女孩的故事中，包括童话和神话，珀耳塞福涅都被呈现为一个被动的人物而非故事的发起者。这一形象与爱冒险、好争斗的英雄俄狄浦斯和其他男主角形成鲜明对比。当珀耳塞福涅离开母亲的保护之后，坏事——危险的性事——就发生在她身上了，就像其他的女主角一样。这是珀耳塞福涅故事的道德寓意：它警告说，女儿离开了母亲的保护后会面临性危险。然而，要长大成为一个性感的女人，女孩必须离开母亲进入自己的领地。珀耳塞福涅成了冥界的王后。注意名称的变化，从处女科莱到已婚女人珀耳塞福涅，它清晰地呈现了性的开始，这跟人类社会中的规则是一致的。

我们认为，这个神话呈现了一些重要的心理现实：第一个心理现实是心理分离对女性的成熟是必要的；第二个心理现实是，女性应对自己性欲和攻击性的典型方式。对女孩而言，她们很难直接和公开地处理自己的性感觉、性行为、性欲和攻击性。精神分析师和心理治疗师们注意到许多女性在性方面体验到的内疚和焦虑——她们认为这是母亲所有的，因而她们通常的防御策略是无意识地放弃自己对自身行为的代理权和责任。像珀耳塞福涅一样，许多女性都否认自己的性欲望，让自己和他人相信自己是被强迫或诱骗的❶。三角情境带来与母亲直接竞争的危险。在这个神话中，女性之间的竞争是隐蔽的，但却在珀耳塞福涅的不听话和得墨忒尔的暴怒中变得清晰。珀耳塞福涅进入了她自己的领地，貌似没有明显的竞争；她又一次"被迫"成为自己世界的强大女王。即使她有竞争性的愿望，想要取代父亲身边的母亲的位置，但一个小女孩肯定也不想失去她的母亲。珀耳塞福涅神话为这个困境找到了一个解决方案：它让她保留了母亲也得到了父亲（她的叔叔）——这是一种隐喻，但并不是解决这一冲突的理想的无意识解决方案。这个故事阐明的第三个心理现实是，女孩对割断母女纽带的灾难性后果的焦虑。

总之，我们把女孩的三角情境——故事中描述的终极心理现实——看作了忠诚和关系的平衡问题（Kulish & Holtzman，1988，2008）。珀耳塞福涅和她的母亲得墨忒尔（谷物和生育之神）的神话，首先是一个女性的故事。生命、死亡和重生都是女性的力量，这些主题贯穿了整个故事，戏剧化

---

❶ 我们观察到当代年轻女性有另一种常见的防御方式，她们通过一种反恐惧的性乱交来否认自己的性焦虑。

地呈现了女性经历的生命周期。

女性的三角情境

尽管很多人对弗洛伊德的女性发展观进行了批判性的重新评价，但是女性的三元阶段——所谓的"女性俄狄浦斯"阶段——却没有得到足够的关注。我们已经尝试从当代精神分析的视角将女性在这个关键阶段的发展、相关结构和冲突整合为一个连贯的画面。我们将从以下几个方面来描述这些理论对女孩和女性的影响：*分离议题和进入三元阶段、攻击性和竞争性、超我和三元内疚、女性的身体和青春期*。

分离议题和进入三元阶段

这些新视角给我们传递了关于女性三角情境的哪些内容呢？

首先，女孩进入珀耳塞福涅期/三元期的动机不是阴茎嫉羡，也没有与之相伴的对母亲的失望和敌意。阴茎嫉羡和敌意是女性发展的重要方面，但却不是其发展到三角期的核心动机。接下来，我们来简单陈述下一些反对将阉割焦虑和愤怒背离视为女性发展到三元阶段的主要动力的精神分析师的观点。在我们看来，霍尼（Horney）和琼斯（Jones）对弗洛伊德的阉割中心论的初期和严肃的挑战是令人信服的。霍尼（Horney，1924）提出，女孩的自卑情结（inferiority complex）和阴茎嫉羡是次生性的，是有文化基础的。琼斯（Jones，1933）也主张，女孩的"性器期"本质上是防御性的。

还有一些挑战源于一系列对婴幼儿的观察研究。比如，相比阴茎嫉羡在女性气质形成中的重要性，克里曼（Kleeman，1976）确认了学习、认知功能和语言的重要性。他指出，学步期儿童发现两性差异的时间段早于弗洛伊德认为的时间，因而从逻辑上而言，它不能作为较为后期的俄狄浦斯阶段的引爆器。帕伦斯（Parens，1990；Parens, Pollock, Stern & Kramer, 1976）发现，不是阉割焦虑，反而是生殖器的出现——性驱力的一种生物学上的程序化分化——激发或驱使学步期儿童进入俄狄浦斯期。

还有很多学者为阴茎嫉羡在女性发展中的作用提供了丰富的临床资料，但是他们的视角和弗洛伊德不同（Lerner，1976）。很多临床工作者（Moulton，1970）把阴茎嫉羡与女孩和她母亲之间的问题连接在一起，没有把它定义为一种阶段性图示中不可避免的或必需的齿轮，而是将其定义为短暂的童年经历（Chasseguet-Smirgel，1970；Frenkel，1996）。在一篇重要的文章中，格罗斯曼和斯图尔特（Grossman & Stewart，1976）研究了阴茎嫉羡的概念，强调了当它出现时有必要分析其功能和意义，而非本能地将它视为"基岩"。

我们认为进入三元期的因素是综合的，包括生物学的、心理学的、家庭的和社会的。我们列出了6种可能影响男孩和女性进入三元期的因素：对原始场景的强迫性幻想、先天的生理压力、双性恋、认知因素、父亲的角色和母亲的角色。任何一个单独的组成部分都不会为发展性转变提供一个统一和令人满意的解释。

① 克莱茵学派（Kleinians）认为，儿童对原始场景（primal scene）的原始的、无意识的知识是与生俱来的（Britton，1989）。其他学派认为，这种对原始场景的觉察在3～6岁之间出现，因为此时儿童能够更充分地理解性别和代际差异。原始场景被视为男孩和女孩对三角原型的认知和体验，其中伴随了欲望、排斥和屈辱的感受。

② 许多分析师如之前提到的帕伦斯（Parens，et al.，1976；Parens，1990）认为，性驱力生物学上的程序化分化将学步期儿童带入了俄狄浦斯期或三角期。说到三角期的其他生理压力，我们认为，女孩的身体会让她产生怀孕和经常会被父亲插入的幻想。但是，在这个阶段，是什么决定了她在未来的对象选择——她是异性恋还是同性恋呢？在回顾了生物领域和性倾向方面的研究之后，扬·布鲁尔（Young-Bruehl，2003）得出一个结论：对于客体选择，目前还没有办法从生物学获得一个因果解释，但生物学因素似乎会产生一些不确定的未知的影响。她还强调了其他因素，尤其是内在客体是如何被叠放的，或者对不同性别的身份认同是如何混杂在一起的。

③ 一个相关的、长期存在的、但从来没被驳斥过的精神分析概念是双性恋——包括身体和心理两个方面（Elise，1998b；Freud，1937c）。考虑

到双性恋是天生的，我们认为，每个人都对同性和异性有性感觉。然而，强大的社会力量强化了异性恋，从而促使人们进入了"正性"俄狄浦斯情结。特别是，同性恋兴趣不仅不被鼓励，还会被消极强化，被要求压抑（Butler，1995）。霍多罗夫（Chodorow，1994b）认为，异性恋和同性恋均是双性恋情感妥协形成的结果。

④ 认知的发展赋予了我们从更复杂和三维的角度来理解关系的能力（Mahon，1991）。例如，对原始场景的真实感知似乎与孩子的认知发展相关，即注意到父母之间存在着亲密的性关系的能力，无论他们是如何概念化父母之间的关系的。

⑤ 由于父亲介入或中断了早期的母婴二元体，并成为男孩/女孩的"第三"客体，这推动了三角化的进程（Abelin，1971）。布朗（Brown，2002）描述了更早阶段即前俄狄浦斯期的三角关系和与此相对的冲突关系。

⑥ 除了我们，许多当代学者都阐明了母亲在女孩进入三角期所扮演的重要角色。作为一个认同的对象，母亲向女儿传达了她意识和无意识中的性态度。比如，本杰明（Benjamin，1988）描述了女孩获得女性欲望的复杂过程，因为她认同了母亲和母亲的性态度。埃莉斯（Elise，2007）提到了母亲为女儿提供母性形象的重要性。

第二，与母亲的分离在这个阶段是个关键议题，也是她们三角冲突中不可避免的方面（Holtzman & Kulish，2000）。其中一个原因是当女孩接近"俄狄浦斯"这一发展阶段时的客体关系模式（Chodorow，1978）。在这一时期，典型的家庭模式，即母亲是主要的照料者，给女孩提出了一个大难题（相比男孩而言）。随着三角期的到来，孩子与同性父母开始竞争（这是异性恋或所谓的"正性俄狄浦斯情结"）。一个危险的冲突出现了：母亲，这个女孩日常生活中依恋的妈妈——比如提供吃喝或抚养——现在变成了女孩的竞争对手。相比之下，一个男孩的敌对情绪通常不是指向他的照料者，即他的母亲。

因此，在三角情爱冲突的背景下，对失去母亲和她的爱的恐惧浮现在女孩面前，并通过三角冲突本身散发出来。因此，母女身上常见的分离冲突不一定是前俄狄浦斯期未解决的固着的表征，它们之所以产生是因为女孩必须与这个相同性别的照料者先分离，然后竞争。我们认为，这种情境的出现，既不是因为小女孩没有解决前俄狄浦斯期的冲突，也不像弗洛伊德和精神分析理论认为的那样，因为她缺失阳具，同样也不是因为阉割焦虑。在女孩的三角情境中，核心议题在于与母亲的分离和被母亲抛弃的威胁。害怕失去母亲或她的爱代表了对小女孩的"三元"或珀耳塞福涅式的惩罚。她针对这个困境的解决方案旨在避免这种潜在的危及生命的灾难。我们认为，这些动力是三角期的重要组成部分，它们是内在的，而不是简单地从早期发展阶段遗留下来的。

因为女孩的生殖器活动通常会遭到反对，无论她的性欲冲动是指向父亲还是母亲，这都会让她担心失去母亲或母亲的爱和认可，而且这种恐惧可能会变得非常恐怖（对母亲的情感——同性恋的情感——被称为"负性俄狄浦斯情结"）。相比之下，男性的生殖器活动更容易被接纳，即便他的乱伦冲动是指向母亲的，而这可能会导致他害怕被父亲阉割。然而，对他们而言，失去母亲和她的照料本身并不危险。

*第三，女孩没有改变爱的对象，没有像精神分析多年以来假设的那样，把关注点从母亲转向了父亲；相反，她们是增加了另一个爱欲的对象，即父亲，从而建立了一种三角关系。*许多当代精神分析学者反对这种把女性进入三角期的过程仅仅理解为改变了一个客体的观点（Fischer，2002；Kulish，2006；Ritvo，1989）。女孩的注意力和她的性兴趣在父母之间摆动，这形成了她在整个发展过程中都会重复的模式。这个阶段的特点是忠诚平衡的问题：女孩会觉得自己被对父亲和母亲的冲动困住了。我们不同意所谓的"负性俄狄浦斯期"的标准序列，即在女孩正常的异性恋阶段之前先有一个同性恋对象选择阶段。其他学者（Edgecumbe，Lunberg，Markowitz & Salo，1976）也表明，没有证据证明这个阶段是独立存在并有相对应的时间段的。

攻击性和竞争性

和性欲一样，攻击性也是三角期不可分割的一个部分。但是，女孩和男孩攻击性的表现形式却是不同的,就像在俄狄浦斯神话和珀耳塞福涅神话中所表现的那样(Holtzman & Kulish,2003)。在俄狄浦斯的故事中,主人公俄狄浦斯的攻击性是明显且致命的:他杀死了自己的父亲,并最终以自我惩罚的方式戳瞎了自己,这是一种象征性的阉割。在珀耳塞福涅的神话中,女主人公是被动的:攻击性之刀被置于得墨忒尔之手,被转移到母亲的身上,就像很多童话和故事中那样。

许多学者都写过一个普遍的文化禁忌:禁止女孩和女性表达愤怒(Bernardez-Bonesatti,1978;Lerner,1980;Person,2000)。我们承认这种强大的文化影响,但是我们选择聚焦在那些源于三元期的心理力量。正如上面所述,对于小女孩而言,向她的父亲承认并表达自己的性愿望是危险的。她想成为父亲的宠爱对象,超越并取代她的母亲。然而,她需要与她的母亲/照料者保持联系,并继续被照料——抚养和滋养。因此,她必须对自己和他人隐瞒她对母亲的攻击和竞争幻想。在这个阶段变得愈发强烈的同性恋冲动,同时也带来了冲突性的攻击性:她气愤母亲更偏爱父亲或其他的兄弟,她嫉妒其他竞争对手赢得了母亲的喜爱。这些对男性竞争对手的愤怒也会引发防御措施。

母女的关系越脆弱,女孩就越难允许自己表达攻击性或越害怕表达攻击性(Reenkola,2003)。和弗洛伊德不同,我们不认为对母亲的愤怒和失望是促使女孩成熟发展进入或走出三角情境的主要动机。

对小男孩而言,他会在一些主动的攻击性游戏中不断重复地表达对俄狄浦斯对手的攻击性。对小女孩而言,她必须更谨慎地选择一条迂回的路线,以保持她和母亲之间的关系。凶残和激烈的攻击性和竞争性必须被否认,或被压抑。因此,对自己作为攻击性主体的抑制,成为女性和小女孩的一种错乱的防御方式(Hoffman,1999)。女孩通常选择间接的渠道表达攻击性。因为她们的抑制方式,女孩在所谓的"关系性攻击"中的表达方式和男孩不同。男孩在学校通常会通过欺凌、打架和其他方式来表达线性的攻击,而女孩通常诉诸于诡计、流言蜚语、遮遮掩掩和社交排斥等方式来表达自己的攻击性和竞争性(Talbot,2002)。

超我和三元内疚

在我们的工作中，我们没有看到超我的结构、力量和功能在性别上有所差异，这和弗洛伊德的观点不同。我们也不认为阉割焦虑是女性超我发展的必然动机（我们也没有那么确信，阉割焦虑是男孩超我形成的核心动力）。相反，我们发现，女性超我发展的持续动机是对失去母亲客体或失去爱的恐惧。需要重点注意的是，对失去爱的恐惧不一定是原始的或"前俄狄浦斯的"。害怕失去爱是和与同性照料者分离这一特定的三元期的任务相对应的。我们同意另一种观点：女孩和男孩的超我发展是通过认同和学习逐步获取的一种累积的功能（Lichtenberg，2004），而非出于阉割恐惧带来的骤然转型。而且，我们发现，女性和男性在认同功能或认同过程上没有性别差异。

另外，我们的确发现，在超我的内涵上存在性别差异——这是伯恩斯坦（Bernstein，1993）在她的超我研究中得出的结论。女孩超我中恐惧的内容通常与母亲有关。例如，我们发现，每当女孩在考虑发起主动的、竞争性的性活动时，从3岁时的幻想到成年早期的现实中，母亲都会有意识或无意识地浮现在女孩的脑海中，女儿此时就会开始担心母亲的否定甚至担心失去她。举个例子，一位年轻的女性在治疗中说道："当我很小的时候，我想要得到爸爸的关注，我想让妈妈出局。但是我立即就记起了我的内疚和恐惧，我在想，那以后谁来照顾我们呢？"

我们的确认为，在处理和防御内疚的方式上也存在性别差异，就像防御攻击性的方式那样。俄狄浦斯通过坚称"我不知情"来宽恕自己的内疚。珀耳塞福涅通过坚持"是哈德斯强迫我的"来宽恕自己的内疚。男性的防御方式是不承认（disavowal）、否定（negation）和否认（denial），女性的防御方式是压抑和再次出现的主体退位（abdication）。

我们认为，超我不是旨在解决三角冲突的俄狄浦斯情结的继承者。然而，三元期在超我形成的时间轴中是一个重要的节点。在这个阶段，儿童必须对抗一系列激烈的冲突（性欲望、期望竞争对手死亡的愿望和竞争欲望）——和尾随而至的内疚。从客体关系而言，此时儿童要处理三个客体而不是两个客体，这需要一些平衡行为，某种程度上这种行为必然会引起焦虑和内疚。对于男孩和女孩而言，这一点是相同的。

女性身体

1933 年，弗洛伊德在勾勒女性气质时，他是从一种缺失、羞耻感和渴望的男性气质的缺失这一角度出发的。但是，早在小女孩到达三元阶段前，她就开始意识到自己的身体，并发展出了早期的和积极的女性感受（Elise，1997）。到 2 岁时，她的核心身份认同已经稳固：她知道自己是女孩，并开始体验她的性别对她意味着什么——它的局限和可能性。到 3 岁时，她已经有一个稳固的身体地图，这包括她对女性生殖器的意识和它们可能带来的快感。与弗洛伊德相反，有记录表明，女孩从婴儿期就开始有强烈的阴道快感（Greenacre，1952；Plaut & Hutchinson，1986）；有观察显示小女孩在 2 岁之前就有生殖器的自我刺激活动，和男孩相比，这有一点晚，也没有那么集中（Kleeman，1976）。随着进入三角的珀耳塞福涅阶段，女孩的性欲变得更加强烈并集中在生殖器上。随着她性欲的旺盛和她领悟复杂的人际关系的新能力的发展，她已经认同了母亲和母亲的职责，她早期对婴儿的兴趣发生了改变：现在她希望和某个人生个孩子。

女孩可以生育，男孩不能，在男孩和女孩的三角关系发展中，这个事实意味着什么？当一个小女孩在 4 岁左右的时候，她通常知道她的身体有一天会容纳一个婴儿，这个可怕的想法，无论多么幼稚，都影响了她对三角情境的体验，因为她是从小女孩的角度来想象它可能的含义的。她认为自己可能是一个妈妈，她的伴侣是爸爸（或者妈妈）。我们研究儿童的同事告诉我们，这种幻想在他们的小女孩病人身上十分常见。要长大生个孩子的欲望是三元家庭动力的一个部分，它既反映了小女孩对母亲的认同，也反映了与母亲的竞争。此外，由此而来的还有对被插入、自己的身体是否能容纳一个孩子或阳具的恐惧。当然，小男孩也会幻想自己能生孩子，但是只有小女孩在长大之后能够实现这些愿望，只有小女孩会看到终有一天她们拥有了和母亲一样的身体。

弗洛伊德把女孩的母性本能简化为阴茎嫉羡，把想要孩子的愿望理解为对阳具愿望的移置（displacement），但是当代的精神分析师（Balsam，1996；Benjamin，1988；Chodorow，1978；Parens et al.，1976；Tyson & Tyson，1990）已经摒弃了这种对认同的复杂过程的片面概念化。他们认为，女孩想要孩子的愿望源于一些积极的因素——对她身体潜能的认可和对母亲和母亲功能的认同。例如，帕伦斯和同事们在观察中发现，女孩早在12～14个月龄的时候就已经出现了对婴儿的兴趣，并把它跟对母亲的认同联系起来。鲍尔萨姆提出，怀孕的母亲的身体形象对小女孩而言是"成年女性身体最重要的标志"（Balsam，2001：1341）。

对女孩和男孩而言，随着生殖器的性欲在三元阶段表现得更加充分，他们在和周围成年人的身体和生殖器进行比较时引发了自我不足感和其他的自恋担忧。正如法斯特（Fast，1979）和库比（Kubie，1974）所指出的那样，小朋友们对自己的性别可能性的感觉是无限的：他们什么都想要。在这种情况下，阴茎嫉羡会产生，但乳房和子宫嫉羡也会产生。直接环境对这些自恋之伤的回应将决定它们的强度以及未来它们是否会发展成为症状。

女孩的身体也成了跟母亲竞争的工具，就像男孩和父亲一样。她拿自己的身体和母亲的身体做比较。鲍尔萨姆（Balsam，1996）展示了一些临床材料来证明母亲的身体对女孩感知自己身体的重要影响，比如形体、尺寸、腹部、乳房、臀部、生殖器、皮肤和头发。这些女性之间的比较和感知的影响在成年女性的分析中非常明显，这有助于解释女性身体形象的细节，以及我们在临床实践中经常看到的她们对身体的愉悦和焦虑。

爱丽丝（Alice），一个正在接受分析的病人，担心她刚刚离婚的情人会去见他的前妻，她认为前妻是个潜在的威胁。她的担心和竞争心理是被情人煽动起来的，因为他告诉爱丽丝，有一次前妻在动情的时刻撕开自己的上衣，哭着说："难道我的胸部不比爱丽丝的更好吗？"这种行为是三角模式中女性与女性之间的身体竞争。

父亲对女孩的性欲和身体的回应也会对女孩产生积极或消极的影响，并且这种影响会贯穿她的一生。另一位病人回忆说，当她4岁时，她穿上了妈妈的高跟鞋，涂了妈妈的口红。她父亲的愤怒反应给她带来了创伤。他是一个严苛的宗教信徒，他大发雷霆："我的女儿绝不能是荡妇！"这个核心的记忆成了这位病人长期性抑制、对自我和自己的身体体验不好的根源。

青春期

随着女孩进入性成熟期和心理分离的青春期，女性对三角期的关注进一步加剧。不利于女性掌控自己性欲的社会压力让青春期的挑战比以往其他时期更加严峻。竞争、嫉妒和乱伦的渴望重新占据了青春期的心理阵地，而最早在三角期出现的成熟和自主的花苞最终在青春期更明显地绽放。我们强调，青春期不是早期三角阶段的再现，而是人生的新篇章，有其独特的三元动力和议题。

青春期的开始给女孩的身体带来了巨大的改变。它以一种新的强度唤起了她们对自我身体的感觉、幻想和冲突。持续的性冲动变得更加迫切。现在，女孩真的可以生孩子了，可以跟母亲在成人的层面进行竞争来赢得男性的关注了。她把已经成熟的身体和母亲的身体进行比较。当这些与母亲、其他女性的竞争加剧之后，她们会经常因自己的闺蜜开始约会而感到沮丧，因为她们失去了以前很享受的关注和亲密。一位青春期的病人抱怨："丽塔不再给我打电话了，她现在眼里只有男朋友。"青少年在青春期的性兴趣和情感在异性恋对象和同性恋对象之间摇摆不定，就像更早的三角期一样。

这些在青春期出现的三元议题在分析中很好识别，它们可能会出现在各个年龄段的女性身上，无论是在青春期的记忆中，还是在后来的性成熟的转折期。根据一些与成年女性分析的经验，在她们描述自己的第一次性经验和失贞的经历时，我们发现，在每一个案例中，她们的母亲都以某种形象出现了（Holtzman & Kulish，1996，1997）。这印证了我们对三元期的主要动力和核心议题的想法：对失去母亲和她的爱的焦虑，因自己已经跨出了门槛，进入了自己的性领域，或者因自己对母亲有竞争之心和要胜过她的想法。

我们认为，珀耳塞福涅神话清晰、完美地描绘了这些动力：当她离开母亲，跨出门槛走向性欲的地下世界时，她遭遇了危险。

临床片段：安（Ann）

安报告了一段记忆，她小时候很迷珀耳塞福涅的故事。在她35岁的时候，安已经接受分析好几年了。他的父亲是在驻法部队做军医时认识了她的妈妈，她妈妈当时是一名护士。后来他们家经常去法国探亲，这些时刻对安而言有特殊的意义。这些探亲，以及父母长期的争吵和分歧，把安引诱到一种事关忠诚的冲突之中：是该忠于父亲还是母亲，该忠于法国还是美国。病人的症状是慢性抑郁、缺乏独立性、不能坚持自己、无法享受和丈夫的性爱。

在母亲的葬礼上，她翻看了家里的东西。她偶然看到了母亲的一些信件，都是母亲和外婆的往来信件，母亲很想念外婆，想和她团聚。

在葬礼不久之后的一次分析中，安记起了珀耳塞福涅的故事。这个故事中对她而言栩栩如生的画面是：珀耳塞福涅摘了一朵花，然后她脚下的大地裂开了。病人谈到了珀耳塞福涅和得墨忒尔的分离和悲伤。然后她说："我认同珀耳塞福涅，因为我也爱花，她感到和自己的母亲在一起的时刻更快乐，我在自己身上也发现了这一点。"这时，分析师注意到，她已经完全忽略了这个故事中珀耳塞福涅被哈德斯掳走/诱拐和被强奸的部分（通过这样的讲述，病人把这个故事变成了一种二元关系）。对于分析师的干预，病人的回应是她的强迫性恐惧，这种恐惧一直延续到她的成年期。她有一种幻想，她会被"卖入白人奴隶营"。她说，她去看医生时很怕被下药，然后被迫经历一些过程（这也是一种移情焦虑，担心分析师会引诱和诱骗她）。接下来的几次，病人谈到自己在青春期晚期失去了自己的童贞。她只有把自己灌醉才能和人发生性关系，这样她就处于"无意识"的状态，记不住她曾经有过性行为，也记不住是和谁了（这样，她就回避了性欲的责任，回避去察觉她无意识的乱伦性的客体选择）。这些素材和三元动力有明显的关系：素材的主角是母亲、父亲和女儿；病人对强奸的恐惧是一种乱伦愿望的投射，尤其是其中的一个事实是故事会发生在一位医生的办公室（她的父亲是医生）；珀耳塞福涅在不同世界中的摇摆不定，这个点对应的是她的摇摆不定——在美国和法国之间、在意识和无意识之间；当她渴望回到和母亲在一起的更早期、更快乐的时光时，她清晰地说出了自己的分离议题；所有的念头都是因失去母亲而激起的。

讨论和结论

如果我们没有意识到女孩的珀耳塞福涅期和男孩的俄狄浦斯期是不同的，那么我们将陷入一种对女性病人误解和错误分析的风险之中。"俄狄浦斯"的思路将窄化治疗师的视野，阻碍他们去看到女性病人的一些重要体验。对旧有的、错误的女性发展理论的忠诚将一叶障目，并助长了把女性幼稚化和前俄狄浦斯期化的企图，加剧了文化的思维定式。这限制了分析的有效性。

现有的理论和训练对这些忽略负有责任。出于种种原因，俄狄浦斯情结已经过时，但不幸的是，精神分析当下的重点业已抛弃了无意识和性欲而转向了依恋、互动和行动化（enactment）的研究。这种转向的一位代表人物是研究依恋领域的冯纳吉（Fonagy，2008）。我们希望，心理健康领域的从业者和学生可以对三元的、珀耳塞福涅式的乱伦无意识动力、对与此相关的（有时候会很困难的）移情和反移情更关注、更敏感。对病人身上的珀耳塞福涅式的三角冲突保持高度敏感，这要求分析师进行自我觉察，不管是男分析师还是女分析师。

总而言之，三元阶段对女性的重要性和其对男性的重要性是相同的，但是其表达方式却不像弗洛伊德所说的也是相同的。他的女性理论，如《女性气质》中所体现的那样，是以男性生殖器为中心的，具有误导性。但是，我们同意他的观点，对于男孩和女孩而言，3~6岁这一关键时期是个人幻想生活的等级组织者，它的两个决定因素是性欲和攻击性。

三元期或珀耳塞福涅期确实是核心心理结构问世的熔炉。我们认为，珀耳塞福涅的故事——而不是俄狄浦斯的故事——最适合从女孩的角度来解释这些动力。许多神话都告诉了我们一些关于女性心理的东西，但没有一个像珀耳塞福涅和得墨忒尔的故事那么优雅、全面和动人心弦地描述了女性的三角关系。这个故事讲述了三点：一位年轻女子与母亲分离，最后又与母亲团聚；她第一次协商自己与一位父性人物的成人性欲；她试图平衡爱情和与父母之间的亲密关系。这是一个关于乱伦和激情的三角故事。此外，它还捕捉了女人发展的周期规律：繁衍和育儿的变迁。这些独特的女性体验和三元体验是界定女性气质的关键。

女性气质、性别和创生性身份之当代视角

琼·拉斐尔·莱夫❶（Joan Raphael-Leff）

当你遇见一个人时，你首先要做的一个区分是"男人还是女人"。

——《女性气质》（Freud，1933：113）

自弗洛伊德之后，世界发生了很多改变。尽管我们最初的好奇心还很强，但在今天的西方，这种男性/女性的区分已经不再像弗洛伊德所描述的那般"毫不迟疑地肯定"了（Freud，1933：113）。男女通用的衣服、发型和言谈举止也让性别之间的生理差异变得模糊。一些自我定义的中性性行为（intersexuality）、变装主义（transvestism）的表现或性别酷儿（gender-queer）的"拗造型或过路人"的表演也在抹杀这种差异。女性/男性的身份还可以通过变性手术从生理上发生逆转，这有时会带来无法预见的结果，比如，最近有一个加拿大的变性男士一边蓄着胡须一边生了孩子。

本章内容触及了一些看似永恒普遍的生活现实的戏剧性改变，讨论了自弗洛伊德时代以来我们与"女性气质"——包括身体图式（body schemata）

---

❶ 琼·拉斐尔·莱夫：英国精神分析协会的会员。35 年来，她专门从事生殖问题的临床实践和学术工作，独立发表了 100 多篇论文，出版了 9 本著作，包括《精神分析的伦理学》（*Ethics of Psychoanalysis*）和《女性体验：四代英国女分析师与女病人之间的工作手记》（*Female Experience: Four Generations of British Women Psychoanalysts on Work with Women*）等。她曾担任英国埃塞克斯大学精神分析研究中心的教授、伦敦大学精神分析发展心理学的主任。她现在是安娜·弗洛伊德中心（Anna Freud Centre）精神分析研究所的学术和教师团队的负责人。

和认同性内摄（identificatory introjects）——的关系是如何发生改变的，其中的部分改变正是因为受了他的理论的影响。心理社会秩序发生了根本性的转变，这不仅仅局限于以女性为基础的有效避孕和安全的合法流产。有意识地认识到身体所有权、生育控制权、性自决权，还有教育平等的权利及获取公共权力和经济资源的更多途径，这些均改变了"女性气质"和母性之间的紧密联结，现在近五分之一的欧洲育龄妇女选择不生孩子。与此相对的是，男性可以进入产房、托儿所和厨房。

因此，今天的精神分析进入了一个新的背景：一个对心理领域和性别理论都很重要的文化多元主义时代。由于女权主义者对权力关系的颠覆，修订后的"女性气质"概念现在被定位在一个扩展的、更自由的规范边界之内，为创生性主体（generative agency）的表达提供了多重选择。这些废除了弗洛伊德提及的"迫使女性处于被动地位"（Freud，1933：116）的社会习俗和压抑性的约束。确实，如果回顾一下女性缺乏经济或政治权利的 19 世纪的欧洲，规定的"女性气质"可能被视为"延长的婴儿期"，它不仅把女性视为"他者"、不在"种族的理想"之列，而且"弱化了她们的思想"（Beauvoir，1949）。

弗洛伊德意识到了他所处时代的以阳具为中心（phallocentric）的局限性，他说："如果你对女性气质还想了解得更多，你可以观察自己的生活经验，或者阅读诗歌，或者等待科学为你提供更深刻、更连贯的信息。"（Freud，1933：135）在本章节，我会同时关注这三者——诗歌、自我分析和科学调查——我相信这些跨学科的研究可以丰富我们的理解。然后，尽管鲍勃·迪伦（Bob Dylan）声称"诗人是赤裸裸的人"，我知道，即使是诗歌，也会受到当代意识形态的无意识思潮和偏见的影响，就像科学的方法论和对研究成果的诠释一样。性别因素深刻地影响了认识论和知识本身。

在一个解释性概念——创生性身份——的帮助下，我在此尝试承担弗洛伊德提出的惊人任务：着手探究"一个有双性倾向的孩子是如何发育成一位女性的"（Freud，1933：135）❶。

今天的性别和性别身份

"我在维也纳和弗洛伊德一起工作。我们因阴茎嫉美的概念分道扬镳了。他认为这仅限于女性。"

——伍迪·艾伦（Woody Allen）[《西力传》（Zelig）]

---

❶ 在弗洛伊德时代，这个立场被"女人是天生的而不是后天养成的"这一假设否定（Jones，1927）。可能出于他自己的未被分析的早期生殖创伤（Raphael-Leff，2007），弗洛伊德不情愿为他的"女性直觉"发声，他不断地把权威下放给女同事和女性分析师们。当辩论变得越来越两极化，心理双性恋的概念逐渐显现。基于前俄狄浦斯期母性认同的"想要一个孩子的愿望"（Horney，1924，1926；Jacobson，1968；Jones，1927），抵消了把孩子视为一个从母亲（爱和客体）到阳具父亲转变时的一个"象征性等同"的礼物的观点（Freud，1924d：179）。相反，为了反对弗洛伊德的阳具一元论（被视为女孩的防御）（Jones，1935），"原初"女性气质否定了女性气质的回旋发展路线的假设：从小女孩到一个参与"阴蒂"（退化性的阳具）自慰的"小男人"。辩论不再依附于通过性心理幻想来解释身体体验，而是从心理表征转移到感官（阴道）感觉上，这是一个以身体为基础的、固有的、异性倾向的女性发展路径。这个立场逐渐呈现出一种本质主义的性质，将我们现在所说的"性别身份"归因于解剖学上的性别。每一种性别都被视为自身的（固有的）单一结构和极性互补。弗洛伊德开拓性的双性流动概念被二元概念的具体化所取代，二元概念阻塞了性别内的差异和性别间的相似性。几十年后，当这一争议再次出现时，法国"古典学派"的先驱精神分析师们强调了母亲意象在小女孩性发育过程中的中心地位，强调创造的"阳具意义"引发"女性的负罪感"以及作为渴望脱离母亲的象征性表达的"阴茎嫉羡"（Chasseguet-Smirgel，1964/1981）。为了摆脱"女性气质即缺失"(femininity as lack)这一本质上是阳具中心主义的概念，美国的精神分析学界提出了一个对抗的公式来强调女性——身体——体验的价值（Barnett，1966；Elise，1997；Lax，1998；Richards，1996；Tyson，1994）。对诱惑的远古母亲的描写，对她"黑暗"的空洞的描写，以及对她的道德自卑和解剖学缺失的推测，都被"在场"而非"缺失"所抵消了。强调"原初女性气质"、投注和女孩的性身体的心理表征（包括阴唇、外阴、阴蒂、阴道口以及内在的生殖器）（Kestenberg，1982），去除了性器期的中心化，将其重新命名为"早期生殖器"。具体来说，女性焦虑不再被视为一种失去一个想象的阳具的"阉割幻想"(Bernstein，1990；Dorsey，1996；Mayer，1985)。然而，这里，本质主义和唯我论的心理学重新关注物质起源，混合了无意识的社会心理影响和主体间性的心理表征，试图纠正"滋养了极性逆转，倾向于性别固守陈规和规范表达女性气质"的平衡状态。尽管英国的中间学派继续假设"人格中的男性和女性元素"的混合，但是理想的假设实际上坚持的却是对后俄狄浦斯期的相互排斥的二分法的进一步巩固，以及对异性表征的压抑（cf. Payne，1935；Winnicott，1966）。直到最近，正常的性别身份才再次被认为是一个不那么统一和连贯的实体。关系取向的治疗师现在尤其主张一种观点，即性别是一个多层次的、可变的、不稳定的幻想、关系构造和身份的交互（Benjamin，1995；Dimen，1991；Harris，1991；Sweetnam，1996），既受文化的强制影响，但又有个体的特点（Goldner，2005：253），充满了流动的不确定性，有些人认为这是病态的（参阅：Chasseguet-Smirgel，2005）。

弗洛伊德认为，性别分类并非与生俱来，而是由性心理和社会文化决定的。这就为生理性别（sex，出生时的染色体状态）和心理性别（gender，一种自我分类的建构）之间设置了经验性的区分。胚胎、遗传和内分泌的相关研究表明，生理性别是由多种相互作用的成分组成的，其中包括基因、解剖学、产前内外生殖器的激素水平和青春期的第二性特征。我认为，就个体在改变身体体验的主体间性意义（intersubjective meanings）而言，心理性别也是多元的。通过跨文化和跨种族的研究，心理性别的定义范畴变得明显，我们可以将其视为各种历史、心理社会和文化力量沿着一个连续体相互渗透的结果，而非一些离散的、二分的男性和女性识别特征。

越来越多的关于先天/后天的二元争论涵盖了先天和环境中复杂的、相互交织的多元因素，这影响了解剖学上的性别、性别差异和行为上的性别差异（甚至是同卵双胞胎之间）❶。性别二元论［无论是从本质主义（essentialist）还是建构主义（constructivist）角度来看］不再适用。此外，现在的医学技术使得性别幻想在现实中得以实现，这验证了弗洛伊德的启示，即性别不是由生物学决定的，而是在永不满足的欲望这一背景中被建构出来的。

我们可以从这种跨学科的研究中梳理出"性别身份（gender identity）"的组成部分。自精神分析早期将"女性气质之谜"和"女性性欲"的辩论归纳在*核心性别*、*性别角色*和*性取向*的条目之下以来（见 Tyson，1994），很多基本概念已发生了翻天覆地的变化。今天，心理性别的形成远远不是一个固定的实体，*而被视为一个终身的过程，它是在主要的关系中、内心中、身体上和社会文化中辩证地涌现的*。在西方社会，性别本身现在被视为复杂的自我-他人表征（representation）的一个流动面，解放了"性别身份"，每个人就可以根据年龄、处境、伴侣的不同来转变自己的性

---

❶ 在这一复杂的领域，许多研究者承认产前和产后因素之间的"互动论"，既承认激素和环境因素决定的心理性别差异，也承认社会文化影响的男性/女性"二元论"。在无数的研究中，唯一能达成一致的是关于"天生"性别差异的发现：女性的语言能力更强，而男性的空间认知能力更强。然而，即使这些差异也只是程度问题，女性和男性并不是截然不同的种群。即使与体质相关的行为差异也被发现是可塑的，是由环境因素导致的，但又很复杂，例如，一个双胞胎的男孩在割礼时被意外地"阉割"后，被当成一个女孩养大了（Diamond & Sigumundson，1997）。此外，在最初照料期间，对新生儿眶额叶皮质激活的神经科学研究强调了选择性地丰富或修剪突触连接，这证明了大脑发育本身的交互成分（Schore，2001）。

别，可以在不同的人生节点做出相应的改变。

为了适应当今的思维，我把性别身份重新分为三类：性别"具身化"（gender embodiment）[女性特征]、性别"表征"（gender representation）[女性气质]和情欲（erotic desire）[性欲]，再加上第四个标题："创生性身份"（generative identity），四者不可避免地会有重叠交叉。我将在这里从心身（psyche-soma）的主体间结构、跨学科研究对其理解的贡献，以及科技进步对性别和生殖的社会心理体验的影响等视角来探讨这些分类。

具身化

生理性别决定的主体性取决于心理意义而非解剖学。这些并非天生的，而是从出生的那一刻起，甚至更早的时候，就开始在互动中形成了❶。无论传播的生化机制是什么，原始的胎儿材料是在母体子宫环境中塑造的。准妈妈对怀孕经历的个人期待将在心理上刺激激素的变化——她的期望焦虑（包括对孩子性别的期望）、无意识的愿望和预测。在孕期，她的感觉直接影响着胎儿，直接的影响方式是通过流动的皮质醇水平，间接的影响方式是通过她的生活方式、她对营养和有毒物质的摄入、她的活动情况以及对产期护理的态度。

精神分析性围产期心理治疗和定性/定量研究❷证实，女性对怀孕和为人母的母性倾向反映了每个女性对自己与婴儿关系的主观表征，包括她对自

---

❶ 在胚胎发育的早期阶段，没有性别区分，所有的胚胎都是由母亲的基因类型决定的。大约在妊娠的前 6 周，原始生殖腺开始分化为卵巢或睾丸。在这一关键时期，决定性的影响因素包括遗传标记和内分泌因子，它们影响性别二态结构。在没有激素变化的产前环境中，胚胎发育成雌性。弗洛伊德所指的"解剖学"双性现在似乎只适用于男性胚胎，而不适用于女性胚胎。与阴蒂作为"萎缩的阳具"不同，睾丸和男性退化的乳头提示了女性原型的起源。最后，流行病学研究表明，应激/压力影响产妇激素的产生，影响产前雄性化的程度。

❷ 本章内容借鉴了我在过去 35 年里作为精神分析师和社会心理学家在临床工作和学术界从事的生殖和早期养育方面的精神分析专业经验。临床经验包括精神分析/心理治疗，有 200 多名病人每周接受 1～5 次治疗，有个体治疗、夫妻治疗或团体治疗，有时跨越数个怀孕期。除了临床督导，我还为围产期项目提供过咨询，包括为数千名初级卫生工作者和（或）家长举办心理动力学研讨班。我的小规模的深入质性研究已经被不同国家的独立研究员复制和应用到了大型的社区样本中。在 8 年的时间里，从出生到学步期到 40 个月的生命历程里，我每周进行三次纵向观察，调查了住在一个大型社区游乐场附近的 200 个家庭。除此之外，我还对一群红毛猩猩进行了每周（录像）观察，在两年半的时间里，我对三对猩猩母婴进行了观察，以确定一个共同的灵长类基线。

身的婴儿自我（baby-self）和照料者的各种幻想组合，其中充满了她的古老照料者残留下来的关于生理性别/心理性别的组合配置。这些配置的组合系列有：理想化的、抑郁的、受迫害的、焦虑的、强迫的或分离的等各种"胎盘范式"（placental paradigm），它们预示了产后的母婴关系和交流方式（Raphael-Leff，1986，1993，2010b）。

今天，当父母可以主动地选择自己想要的性别的后代时，这些复杂的、代际的社会-心理-生物力量的交互有了更深的社会和伦理意义。辅助受孕允许在植入前对胚胎进行性别鉴定，通过超声波成像和羊膜穿刺技术了解胎儿性别将导致一些因性别筛查而造成的产前妊娠终止❶。

身体图式

一旦婴儿来到这个世界，他/她就被置于一个有男孩/女孩性别特色的复杂动力空间，而父母已经为他们做好了心理准备。父母无意识的安排并不总是符合婴儿的性别["我很清楚你是一个男人，但我现在听到一个女孩在说话，我正在跟一个女孩对话"，温尼科特对躺椅上的中年男性病人说，当他们一起揭开了他母亲渴望一个女孩的秘密时（Winnicott，1966：73）]。父母的情绪通过无数直接的和升华的方式来表达。性别因子体现在父母微妙的调适、爱抚、拥抱、粗暴对待、节奏反应、音高、音调和发声节奏上——所有这些都将影响还不会说话的婴儿的身体形象的形成，甚至还渲染了他们自体性欲的投注方式。类似这样的很多"原始的"、亚象征性的内摄将永远无法被意识触及，这里面充满了婴儿照料者对自己的身体以及婴儿的身体所赋予的无意识意义。

前话语阶段的主体性是有限的，从婴儿的角度来看它们最初是无性别的，但从父母的角度来看则并非如此。然而，我要强调的是，没有时间，就没有文化。我在跨文化工作中发现，婴儿在子宫内就已经暴露在社会文化因素的影响之中了，如环境的声音、音乐和特定的语言等因素、孕产妇的膳食

---

❶ 在法律禁止使用技术鉴定胎儿性别之前，印度几乎所有被流产的胎儿都是女孩（Raphael-Leff，2000a，2002）。

配方、许可的运动和工作习惯、触觉压力、孕妇保健指南、分娩程序，以及一些为了容纳和对抗与妊娠的形成、转化和维持相关的母性焦虑的常规方法。同样，产后的做法，如丢弃初乳，认为它是"脏的"，或喂新生儿糖水，或给刚被割包皮的男孩喂酒，这些都意味着文化的影响在母亲的乳汁开始影响婴儿之前就已经存在了（Raphael-Leff，1991）。

关于新生儿的研究已经证实，前象征阶段的程序化表征是由早期的二元对话交互性地、共同地创造的（Beebe, Lachman & Jaffe，1997；Lyons-Ruth，1999；Stern，1985；Trevarthen & Aitken，2001；Tronick，1989）。正如弗洛伊德在《女性气质》（Freud，1933：129）中指出的，他们的身体感受性和外感性表征是在与重要他人的亲密互动中被唤起、被加强并获得意义的。自体与他者的身体互动中充满了照料者自己的性别体验和自恋态度，其中还伴有照料者对亲密表达的无意识禁止、乱伦欲望和禁忌等，违反这些对婴儿而言就变成了诱惑。因此，*身体图式也是由人际互动共同构建的*。实证研究证明，核心性别，*作为对自己是男还是女的自我评价*，混合了基因调控、父母归因和主体性等复杂因素❶。

今天，在爸爸也要"亲历亲为"的教养氛围中，照顾孩子不再是母亲甚至也不再是女性的特权。然而，许多分析师继续将"表达性"功能（抚养/占有/合并）划分为母性功能，而把"指导性"功能（目标引导/限制设定）归为父性功能。对负责照顾孩子的父亲进行的精神分析研究表明，他们可以像母亲一样敏感，并做出回应，因为协调并不取决于性别，而取决于亲密程度以及照顾者与婴儿共处的时间长度（Pruett，1998）。

母乳喂养是父母养育子女中唯一有性别差异的。在女性体内生长、从女性的身体里出生、被她的乳汁滋养的终极意识，让儿童产生了他们可以在子宫内

---

❶ 从历史上来看，对双性儿童的研究（Money，1955）和无阴道女婴的研究（Stoller，1968b）表明，内在的男性/女性意识是由父母在婴儿出生时对期待性别的明确分配决定的。斯托勒提出"核心性别身份"的概念，来描述孩子们对"正确的"性的情感承载，一种享乐的快感和男性/女性的基本礼仪感的融合（参阅：Coates & Wolfe，1995），这对男孩来说更加复杂，因为女性的最初照料培养了"原初女性气质"（proto-femininity）。"核心性别身份"的概念被批评没有充分考虑到最近的胎儿研究发现，即体质上与性别相关的大脑差异（Robbins，1996）。然而，神经内分泌诱导的性别二态性并不是那么明确，这就引发了生物遗传决定论方面的复杂问题。

和子宫外均存在的幻想,并对男孩和女孩的性别具身化产生了深远的影响,就像象征性的性器的统治性影响一样。在其他的文章中,弗洛伊德对母亲、奶妈和保姆在原始诱惑和随后的禁止中所扮演的角色做了很细微的区分。然而,在《女性气质》中,他提到了前俄狄浦斯期对生母的控诉和不满,从奶水不够、母爱不足,到对自己"不忠"生了小弟弟小妹妹,而且罢黜了自己独宠的地位,诸如此类的强烈嫉妒和对残酷现实的失望。类似的与性别相关的想法像"女孩认为她们的母亲应该为她们缺少阳具负责"一样,可能会指向母亲的怀孕。当男孩更多觉察到父母共同的关爱和父亲在养育中的投入时,他们可能会同样严厉地斥责原始父亲们没有更大的阳具或怀孕的能力。

对妊娠母亲的"胎盘"/哺乳功能和照料功能的理论区分是失败的,这导致前人直接将此指定为女性的功能,这与西方的历史事实即主要照料者均是女性这一点相重叠❶。如今,随着一代又一代父母共同照料孩子,母亲们的社会地位有所提高,也不再是孩子健康的唯一负责人,尽管她们对体质形成和畸形的无意识内疚可能依然强烈。

同样地,弗洛伊德将19世纪男女对女性气质的否定归结为在前俄狄浦斯期发现母亲没有阳具这一幻想的破灭,20世纪的女性主义者则强调女性之所以充当全能的主要照料者,是因为她们缺少其他的途径。以前,女孩和男孩对让人渴望的、恐惧的、憎恨的全能母亲是完全依赖的,这种令人沮丧的依赖让他们嘲笑一切与女性相关的事务(Dinnerstein,1976),后来为了防御这种依赖,人们开始夸大父亲的力量(Chasseguet-Simirgel,1970),这种情况在21世纪可能会发生改变,因为夫妇双方都成了养育的主体。

---

❶ 关于远古母性(archaic maternal)的影响的理论有很多。在主体性形成的过程中,男性化/女性化的自我形象被归因于内化的性别差异,相反拉康派认为,主体性的建构中的性别差异是通过与阳具相关的语言习得的(参阅:Michell,1982)。延续了弗洛伊德对阉割焦虑的重视,拉康在他的阳具经济学里把不被母亲所欲望的女孩放置在一个女性"他者"的位置,这是一个负性的标准,是通过和自我定义的男性气质相比而得出的(Lacan,1977),而男性气质的快乐却是超越语言表征的。后拉康的女权主义者(Cixous & Clement,1986;Irigaray,1985a;Kristeva,1984)否定了他的概念,即臣服于文化中的男性无意识结构,"女人"在语言中并不存在。和德里达的对立的二元层级(关于性别和其他二分法)相通,这些法国理论家提倡多元差异和颠覆性的创造性,他们借鉴符号学(semiotic)(Kristeva)的原始材料中的远古韵律,借助其中的"文字女性"(ecriture feminine)(Cixous)来表达转变的异质主体性,这些文字女性对男性作家和女性作家都是开放的,这是两性共享的混乱的前俄狄浦斯力量。

综上所述，在一个父母共同照料的、性别混合的家庭中长大的男孩或女孩，其性别构成体现了多种输入、多种有意识和无意识的跨性别认同，这些认同与他/她的性别化自我的基本感觉一致，可以在特定的社会心理环境允许的情况下被明确地表达或抑制。

生理性别意识

我在这里指出，每个婴儿的身体都是一个双重管道，以"映射"一种女性/男性的内在和外在的感觉。但一开始的时候这里没有性别意识的分裂。尽管婴儿的男性/女性身体从一开始对父母就很重要，但对学步期儿童来说，他/她的性别只有在事后才变得有意义，并且这一次又一次地被修正，尤其是在青春期的身体发生变化时。

因此，尽管尿道、肛门和生殖器的感觉有助于身体形象的形成，但对婴儿而言，这些内隐的体验和性别的自体表现并没有明确的联系❶。这种具身化的人际维度表明，就像所有的其他经验一样，*身体的感觉在成为主体性"融合"之前，是被内隐的心理建构过滤过的*。只有在第二年，儿童才回溯性地把生殖器的性别意义和性别分化放在一起解读，并随着发育不断修改对它的理解，尤其是青春期的身体变化。

在我们的一生中，我们的身体表征和性别认同不断地被他人的反应和想法所修正和调和。毋庸置疑，男性和女性的身体形象也深受舆论的影响和媒体的操纵。在过去的几十年里，无法实现的理想的身体到目前为止也已经能够实现了。虽然令人神魂颠倒的鲸鱼骨紧身胸衣改变了一些 19 世纪女性的体形，但今天的改变是很难逆转的。医学生物技术可以用来实现理想的性别化身，通过实现不可能实现的愿望，想象和现实的界限模糊了，因为它不再局限于幻想。强迫运动、抑制食欲、肉毒杆菌治疗、皮肤美白、激素替代治

---

❶ 对解剖学自我概念的研究表明，幼童的生殖器意识，包括体验和标记自己生殖器的能力，与其主观的性别意识并不相称。认识生殖器既不能表明儿童区别性别的能力（de Marneffe, 1997），也不能代表他们保存性别的能力——"恒常性"（指儿童理解性别是独立于外表/活动之外的，是稳定的、不变的）（参阅：Coates & Wolfe, 1995）。

疗、隆胸、面部拉皮、抽脂等整容手术都很常见；男性沉迷于植发、合成代谢类固醇和增强阳具，以便让自己的身材成为西方人眼中的最佳身材。这可能与我们对自己生理性身体限制的具体否定相关。缺乏边界、行动化盛行，与此同时，虚构的外化不断取代难以内化的禁止，这些禁止的来源是俄狄浦斯期的父母和先祖的超我。

总而言之，"核心性别"，不再是"身体自我"唯一的同义词，我们必须承认，它是一种相互的、主观的、共建的身体配置，这种共同建构将持续产生影响，并且持续受到生活经验、焦虑、冲突、无意识幻想和欲望的影响。因此，我把身体"具身化"作为一个类别旨在表明，肉体是一个持续的过程，在不同的环境和生命历程的不同阶段，它会因为波动和不连贯而受到破坏。

性别表征

女人不是天生的，而是后天造就的。在这个过程中，她的人性被摧毁了。她变成了一个象征，象征着大地之母、宇宙荡妇；但她从未成为自己，因为这是被禁止的。

——安德莉亚·德沃金（Andrea Dworkin）

在父系社会，女人被认为是异性，女人反映了那个时代的主导性投射、时代的反幻想（counter-fantasies）和一个压制女性性欲从而让男性控制她的生育能力的神话。西方人将性别定义为"自然的"赋予，他们在解释女性气质时一厢情愿地把它等同于：投降、利他主义、共情、情感表达以及受虐倾向、抑郁和无法言说。相比之下，男性气质则被描述为是具有启蒙目标的：理性、雄心、自主和自力更生。即使在他的同情篇《女性气质》中，弗洛伊德提出女人的"本质是由她们的性功能决定的"，他指出她们是有问题的、功能较差的，虽然他补充说"不能忽略一个事实，即一个女人从其他方面看也是一个真正的人"（Freud，1933：135）。他反对将这种错误的配子人格化（anthropomorphization of gametes）作为范式，即把男性等同于"主动"、女性等同于"被动"，后者被比喻成营养丰富的卵子，耐心地等待着竞争激烈的精子的进入。为了纠正这种"叠加误差",弗洛伊德提醒我们"女性在诸多方面都展示出极大的主动性,而男性除非发展出极强的被动的适应性,否则无法与自己的同性共处"(Freud,1933:115)。然而,尽管我们支持心理上的"双性"——"每个个体都呈现了他独特的、与异性不同的、混合的性格特点"(Freud,1905d:220)——但是即使是在弗洛伊德的理论中,被动性继续被女性化,而力比多继续被男性化。然而,如今的精神分析师不再囿于本质主义的二元视角,他们倾向于承认性别的多重性,而不赞同对跨性别认同的俄狄浦斯式否认。

如果说,女性气质/男性气质代表了个体对"心理的女性或男性"的自我评价(Person & Ovesey,1983),那么在表征的本质上,理论立场就会存在分歧——女性气质是否只是一种"舞会面具"(Riviere,1929)、一系列程式化的姿势表演、在私下和公开场合的"表演"(Butler,1993a),或者一种对自身深切认同体验的非自愿性表达(Benjamin,1998;Chodorow,1989),反映了人为的泾渭分明的规范二分法(Ben,1993)和(或)一个可能的不同的(女性的)价值体系(Gilligan,1982)。

今天,大多数理论家都认同文化承载。但是,对于角色分化的动力也有不同的解读。尽管还没有一个对单一性别特征的一致研究结果,一些分析师仍然强调本能的途径。客体关系理论强调性别在心理社会上的不对称性,将性别角色认同视为一个习得的过程,这种习得是从父-母和男孩-女孩的不同排列组合开始的❶。如上所述,关于父亲功能的隐喻忽略了父亲参与基本育儿的普遍做法(尤其是在斯堪的纳维亚,父母共享12~18个月的育儿假)。在一些家庭中,如果几代人的主要照料者都是父亲的话,对女性气质

---

❶ 鉴于此,理论的某些方面被质疑为对同性别的母性原始照料的特定性回应,这对女孩的性别身份发展也有影响。这些方面包括被迫害焦虑,担心对她的生殖身体进行全面的报复性威胁(Klein,1945);身体的共同认同,导致更强的女性关联性(Irigaray,1985a);以可渗透的边界为标志的自我,作为母亲的延伸(Chodorow,1989);母性压力,要求女儿默认或至少适应父性的社会秩序(Mitchell,1974;Orbach & Eichenbaum,1982)。然而,这些概念忽略了新妈妈之间的主体差异。我的父母取向模式研究发现,对身体同一性的情感投入是有差异的:"促进型"母亲(facilitator mother)倾向于欣赏和培养与女儿的基本身份的融合;而"管控型"母亲(regulator mother)害怕融合,淡化女性与女性的共生融合,与女儿保持的距离比与儿子保持的距离还要大(Raphael-Leff,1986,1991)。

的一种反向形成即失败的男性气质就会滋生,相反,父亲的养育欲望——通常是通过参与分娩而增强的——也被视为既不是"女性化"的,也不是"娘娘腔的",这种观点消除了儿子们要完成对母亲"不认同"(disidentify)工作的必要性(Greenson,1968;Stoller,1985)。

总之,女性气质和男性气质是在多种性别和非性别认同中获得的。我们今天体验到的性别身份不过是复杂的、流动的自体表征中一个与年龄相关的方面而已。

颠覆性主体

> 抹去我的性别
>
> 我要收起我的围巾,
>
> 我要站起来
>
> 做一个男人。
>
> ——米切雷·穆戈(Micere Mugo,1976:14)

女性气质和男性气质的表征刻画了"集体的"历史特征,但这也是高度习俗化的、个性化的心理体验。同样,性别化的生活方式、外表、角色和成就既反映了无意识层面那些内化的期望,也反映了意识层面对认可的寻求或对社会性别特征的挑战——这些不是"必要的",而是特定时间和地点的信仰的产物。家庭暴力在西方仍然很普遍,就像在很多低收入社会中的"贞操锁"(female infibulation)一样普遍。由于自满,我们往往会忽略一个事实,在许多国家中,端庄的"女性气质"是被严格规范的,如有违抗,不管是烧饭或做一些不得体的事,都会受到严厉的惩罚。违犯规范的行为可能会造成致命的后果,如男性家庭成员可能会对女性进行施暴或"荣誉杀害",或者像在伊朗那样,通奸的女性可能会当众被石头砸死,而她们的情人却可以逍遥法外。尽管这被很多人不加质疑地接受,但也有一些勇敢的女性,如安娜·O(Anna O),选择挑战那些压迫的性别规范。目前,一名驻苏丹的联合国工作人员兼记者因穿裤子而被道德警察(Morality Police)逮捕,她在等待公开鞭打的羞辱性审判时,坚决要求公开审判。

自弗洛伊德创作《女性气质》以来，西方世界已经发生了根本性的变化。第一波和第二波女权主义者颠覆了许多的社会政治意识形态。对文化陈规和固有观念的抵抗日益增强，两性的性别成分组成更加自由化。尽管有了更大的教育平等，两性服装和玩具日益趋同，但两性的职业地位和薪酬仍然存在差异。两性对家庭和公众参与的双重期待还是不平等的，同样的不平等还体现在两性在情感的表达和行为的自信上。然而，对于小女孩、小男孩和他们的家长而言，性别的自我形象更加复杂了，这导致精神分析师不得不因此修改理论，特别是涉及俄狄浦斯情结解除和性别角色表征的部分。

情"欲"

> 我爱过的每个女人都在我身上留下印记，
> 我爱她，她拥有我想要的珍贵秘笈，
> 她如此与众不同，要发现她的魅力，
> 我必须发展和成长自己。
> 在成长的过程中，我们开始分离，
> 那是我们开始工作之地。
>
> ——奥德莱·洛德（Audre Lorde）

性别身份的这一组成部分传统上意指"性伴侣取向"，这被视为是在核心家庭的俄狄浦斯式的认同背景下，受乱伦吸引而导致的结果。虽然一些精神分析师认为异性恋驱力是天生的，不需要解释，但弗洛伊德认为这是个"需要阐明的问题"（Freud，1905d：146n），他指出——当主要照料者是母亲时——异性交配的异性恋致使儿童失去对母性身体的早期情欲联结，所以女孩面临的情境比男孩复杂。对女性原初的、女同性依恋的否认，这一议题经常被盎格鲁-撒克逊的理论家们所忽略（比如：O'Connor & Ryan，1993），但法国的精神分析师对此却比较关注（比如：Aienstein，2006）。

争议再一次占据了上风。有些人将同性恋视为一种自我定义的偏好，它存在于一系列可能无限的、但受限制的、边缘化的性别身份、认同和实践中（Butler，1993a；Irigraray，1985a）。有些人认为，这是一种"反转"（inversion），是在普遍的双性恋语境中的另一类身份认同，正如弗洛伊德所做的那样。然而，另一些人则在以生殖为目的、离散的二元论框架中将同性欲望视为"自然的"异性恋的变态形式，因此，它是异常的或病态的，使用了原始的防御机制（McDougall，1979；Scoarides，1978）。与"酷儿"文化不同，激进的女权主义者在1970年之后将女同性恋政治化，提倡分离主义、不受统治的自由以及表征的多样性。

值得注意的是，理想配偶的解剖学性别不一定代表了相应的身份认同（O'Connor & Ryan，1993）——一个同性伴侣可能代表他者，或对父母、兄弟姐妹或其他人身上的男性气质或女性气质的多元认同。同样，在性幻想中，许多人有各种各样的同性恋渴望，但不一定要在实践中表达出来。在精神分析治疗中，异性恋的分析师对同性之爱的恐惧性回避——可能跟跨越俄狄浦斯禁忌的越界感有关：想象性地参与到了一个乱伦的原始场景——这可能抑制病人表达情感，导致分析师解离（dissociation）或否认同性恋的情色性反移情（countertransference）(Sherman，2002）。随着同性恋的合法化和去病理化，这种污名化已经有所减轻，许多男同性恋和女同性恋治疗师和分析师对性欲理论的重估做出了重要贡献（Domenici & Lesser，1995）。

"兴奋"

当代精神分析师倾向于将性爱和客体选择从性别身份中分离出来。重要的是，弗洛伊德将性变得可以言说。自20世纪60年代之后，高效的女性避孕措施使性、生育和婚姻脱钩，进一步解开了性心理的"贞操带"（chastity belts）。女人，以前是男性欲望的"客体"，现在变成了欲望的主体。女性从弗洛伊德的《松屑》(*Pine Shavings*)（Freud，1905d：221）中重新获得了阴蒂性高潮，这颠覆了主张用"多态反常"（polymorphously perverse）快感来取代被阳具唤醒的阴道（penis-awakened vagina）快感的精神分析理论。无性生殖、社会政治领域允许女性进入，为女性带来了各种新的选择——不要孩子、"支持女性"企业家、自豪的单身母亲、民事伴侣关系和同性协助生殖（包括女同恋的卵子交换和合法收养）。

以前，异性恋和同性恋都被视为静态的或笼统的"性条件"，但现在，它们都变得多元化了（Chodorow，1994b），被视为意识的和无意识的、性别和性欲交叉的可变的、多元的产物，并受到意识形态、不同的文化/家庭价值观和性领域的不对称性等更广泛的社会背景的影响。事实上，今天，性取向的范围包括异性恋、同性恋、双性恋、泛性恋、多性恋和无性恋。

与女性气质一样，其他的性取向不再被视为异性恋追求失败的结果或跨性别的男人或女人所采取的活动——这是以往持二分法的人的看法（Burch，1983）。即使对那些男性化的石墙硬汉（stone butch femmes）或女T而言，现在的理论所强调的重点也在于"女女"之爱，而非一对"乔装打扮"的异性恋夫妻（Creith，1996）。同样，男同性恋也被视为具有不同的男性特征，而不是女性特征。

最后，对非生殖的性行为和感官亲密的欢呼并没有根除所有臣服于激情的无意识的脆弱、分裂、妥协和焦虑。具身化、表征和欲望的主体性意义与无意识的幻想、文化的图式和规范的心理社会基础交织在一起，共同滋养了一个创生性身份，这是我接下来要讲的内容。

创生性身份

尽管它们在概念上还有缺陷，但对性别的三个组成部分的描述可以使我们对性别的理解更加透彻。它们强调，与性别具身化、性别表征和性欲相关的前意识（preconscious）幻想的表征方式是如何通过互动交互在微妙的内心过程中动态形成的。性别身份的组成部分显示了潜在的冲突、同步或不协调的各个方面，每个人都可能经历过。在这个混合物中，我引入第四个性别成分——创生性身份（Raphael-Leff，1997，2000a）——我将它作为一个解释模型，来阐明（男人和女人）对新生殖选择的回应的多样性，以及女人在文化创意方面表现出来的越来越高的参与度。

创生性身份主张，除了女性或男性核心意识，以及女性化或男性化的表征和情欲表达之外，还有一个后俄狄浦斯期（post-Oedipal）的心理建构，即在基本生殖事实的协商基础之上，将自己视为一个潜在的（亲自的）创造者。

弗洛伊德（Freud，1905b）提出了一个原始的问题："婴儿是从哪里来的？"

这个对"人类起源论"（anthropogeny）的好奇，对发起一个简单的起源事实的探索进程来说至关重要：我们不是自我创造的，而是被另外两个人创造的。性别差异让我们知道我们不是什么，促使我们进一步意识到我们是什么/我们拥有什么。通过重新审视这一重大的两性心理分裂，我发现对于学步期儿童而言，性别分化是双阶段（bi-phased）的：通过事后（après coup）对不同生育能力的觉察，他们会重新评估早期已获悉的解剖学差异。当那些具有心理"双性恋配置"并且毫无疑问地被认为具有双性能力的孩子，长到18个月大后，当他们面对以下四个基本事实时，他们的创生性身份会在某种程度上被巩固：

- 性（sex）：我要么是女人，要么是男人，不可能是其他性别，不可能两者都不是，也不可能两者都是。

- 生育（generation）：成年人可以生孩子，儿童不可以。

- 起源（genesis）：我不是自己创造的，而是被两个不同性别的人创造的。

- 繁衍（generativity）：男性会产生精子；女性会受孕、生育和哺乳。

这些与有限性、任意性和不可逆性的议题相关，我把这些议题称为"属性"（genitive），当创生性身份在青春期被重新塑造时，这些议题将具有更重要的意义。这些属性问题受到各种限制性因素的约束，比如偶然性（父母的相识、配子的相遇）、生命轨迹的不可逆性（一旦出生，就不可能重新回到子宫），还有一个终身都在习得却又无法否认的事实：最终死亡的必然性和普遍性❶。

不得不接受限制意味着无法回避的痛苦。按照生殖器的分类，一个曾经不加区分地认为自己拥有一切/是"一切"的儿童现在不得不接受限制，被特定性别暗示所限制，而且生殖器也不会奇迹般地发生改变。当各种矛盾和发展中断失去关联的时候，主体对自己的感知就变得支离破碎了，尽管这种感知在语言层面和认知层面还是连贯的。双性结合的生殖事实推翻了儿童以为的自性或雄性单性生殖的理论。生殖事实让父母之间的性别差异变得显著，这个差异就是儿童是从妈妈的（而不是爸爸的）肚子里出生的。

这些发现的情感意义将取决于每个家庭内部特定的心理动力学和性别等级。俄狄浦斯式的父母对性关系的排斥也被视为一种生殖情景——这种情景与领养、辅助受孕、继父母和同性父母的情景不同。研究表明，在非传统家庭中，学步期儿童对生育经验的重新分类以及对父亲的重要角色的发现，可能会因为辅助生育而变得复杂（Corbett，2001）。然而，关键的因素并不是这两种祖细胞（progenitor）的物理存在，而是它们在照料者和孩子心中的心理意义。

此外，我认为，今天的心理社会条件，如单亲父母、连续的非同居关系（serial non-cohabiting relationship）、日益增强的地域和社会流动性、分散的大家庭、传统模式的丧失和简约的支持网络等，培育了一种极度紧密的照料者/孩子的二元关系。在占有欲很强的夫妻关系中，孩子可能找不到一个"父母配偶"来形成三角关系。对手、竞争和抵御阉割焦虑的安抚可能会迫使他们从家庭之外寻求出路。小家庭的另一个后果是，儿童时期的初级经验不能充分发挥作用。独生子女很少有机会主动处理他/她在小堂弟和小表妹面前的幼稚情感，因此，最近几代的父母在生孩子的时候没有做好情绪方面的准

---

❶ "有限"是一个哲学概念，用在精神分析里是为了取代我们承认单性和人类限制中的"阉割"部分（Moi，2004）。在此我要强调的是，无所不能的变身受到了新的生殖和医学生物技术的影响，这些技术改变了生命的"永恒"事实，似乎消除了局限性和有限性。今天，性别和生殖的限制似乎可以被一种无限的可能性、可以迅速成为现实的幻想所消除，比如变性，无性繁殖，胚胎冷冻，卵子交换和精子捐赠，绝经后的生育，祖母代孕，产前手术，培养流产胚胎干细胞和卵细胞，子宫外男性妊娠项目、克隆和人工子宫妊娠；还有很多医疗程序，我只列举一些，如生命支持机器、器官移植、激素注射、乳房植入、基因工程、产前选择等，试图消除随意性、逆转时间或延长生命。

备，也更容易受到围产期情绪的干扰（Raphael-Leff，1991，2000b，2009）。

综述

生理性别差异和性别分类始于婴儿晚期，随着语言的习得而得到巩固，在核心家庭强烈的初级二元关系中得到支持或被扭曲。一个人在蹒跚学步的时候，从双性恋倾向的苗床中重新开始有意义地表达自己的性别身份❶。在早期阶段，生理性别差异和性别表征的分类不仅仅依赖于家庭关系，还高度依赖于同伴关系（以及故事书/DVD/媒体的人物塑造）。

在情感上，迄今为止，儿童还比较模糊地认为两性都拥有生殖能力（Freud，1909b），当儿童取得了创生性身份之后，这威胁了他们之前以为自己拥有的"容纳超能力"（Fast，1984），因而，儿童会体验很多情感：丧失感、阴茎嫉羡、子宫嫉羡和乳房嫉羡，对异性的妒忌和全能感萎缩。在"可怕的两岁"之后的反叛中，对损失的补偿要求他们严格执行与自己性别相关的活动。许多3岁的儿童把性别角色理解为循规蹈矩甚至是模式化的，他们会建立同性间的友谊，模仿女性化和男性化的亲密行动。这些对性别化的外观和活动的感官显著性的明显依赖，可以归因于幼儿理解子类别或例外规则的认知能力还比较低下（Coates & Wolfe，1995）。然而，丧失、焦虑

---

❶ 对心理性别化发生之前的阶段有多个描述：未区分的"多形态"，或前生殖器期的"多样性"（Freud，1905d），或在"无条件全能感"阶段的"情欲两栖性"（Ferenczi，1938），处于这一阶段的未分化的儿童是自恋性的"过度容纳"的（Fast，1984）。这些术语的共同点是指向一个无意识的假设，即一切的生理性别和心理性别都是可能的。如果说刚刚有了性别意识的儿子要去除对女性初始照料者的认同，那么女儿也必须认识到她们婚前的身体和可生育的母性身体的差异（Raphael-Leff，1997）。不可避免地，身体形象可能会进一步受到阳具母亲的合作假象的顽固影响，或因父母对孩子未来生育的不支持而变得复杂化，或因孩子看不到自己的阴道和子宫而倍感焦虑。观察者早就注意到，性别差异的发现让"爱世界"的、欢欣鼓舞的学步期儿童感到抑郁（Galenson & Roiphe，1976；Mahler，Pine & Bergman，1975）。由于马尼和斯托勒的早期工作，大多数研究人员将这一敏感时期定义为人生的2～3岁，这一时期的标志特点是性器官的萌芽、性别区分的社会标志和身体的构造都有意识地被归类为男性和女性的差异和性别认同。我认为，当过度容纳的幻想被"性别化"的限制镜头重新评估时，这种悲伤是可以预计的。放弃自我起源的、自我创造的幻想的羞辱，与接受自己不是全能的、甚至不是强大的、不具有优势的事实，结合了起来。更令人失望的是，就连最终繁殖的希望也必须靠两性相互依赖才能完成，而非自主/单性繁殖。此外，对自创产生的幻灭也降低了对父母全能的信念，因为人们认识到生育需要两个人。

和不确定性暂时增加了对服从和遵守惯例的需要。

此外，生理性别、生育和繁衍的局限性不仅受制于差异，更受制于延迟。对于一些小男孩和小女孩来说，意识到必须等到自己成为父母之后才是强者，这会让他们产生不耐烦和代际嫉妒的情绪。想要一个孩子的渴望可能会更强烈，尤其当这一点被视为女性最大的夙愿时。矛盾的是，可能是出于对两性平等承诺的幻灭，美国和英国的未成年妈妈的比例在西方世界里是最高的，尽管大多数未成年人的怀孕并不是计划中的，而且超过一半的怀孕以堕胎而告终。与之相对的是，12%~20%的欧洲女人决定"不生孩子"，她们以创造性的努力来表达自己的生育能力，而非生育行为。最后，那些推迟生育的30多岁的职业女性经常发现，她们较低的生育能力需要治疗。性传播疾病和精子质量/活力的下降使得1/6希望怀孕的成年夫妇无法自然繁殖。我认为，对低生育能力诊断的反应揭示了创生性身份的一个谱系——这表明，对一些人而言，成为父母是可以选择的；而对另一些人而言，这是必要的。

成年人的生殖决定反映了他们童年期的俄狄浦斯情结和生育方面的局限。接受限制、对规范的愿望进行激烈反抗或过度顺从；保留心理"双性恋"和多重自体感；从繁衍活动中解绑的早期的创造性；这些都会影响未来的性别身份。在"爱情、工作和娱乐"上的满足，是否生育、何时生育、和谁生育、如何生育的决定，均反映了创生性身份，就像接受无子女或克服不育的决心也反映了创生性身份一样。当创生性身份因家庭功能失调、创伤事件或乱伦的诱惑而受到困扰时，这种焦虑或自我抑制可能会体现在孩子的游戏和创造性活动中（Raphael-Leff，2010a）。一个否认生活中某些或全部基本事实的孩子，在以后的生活中可能会利用生物技术来将他们的否认付诸行动。

总而言之，创生性身份的提出并不是为了挑衅原来的性取向二元论，相反它是从其中衍生出来的，而且要升华主体性还必须超越二元论。创生参数的个人化配置支持每个男人或女人的生育取向和创造性取向。这些决定了主体的创生性是被健康地表达，还是被抑制、被忽略或被想象的途径倒转；是被具体地、强迫地、不正常地实现，还是因为乳房嫉羡、子宫嫉羡或阴茎嫉羡，或对父母或异性的过度依赖，从而出现心理麻痹和精神病性的问题；又或者是反过来，俄狄浦斯式的胜利、无法无天的理想化，以及对禁止的拒绝，可能会带来其他的表现方式：心身疾病的表达方式、乱性、对变性的混乱追求或一些创造性的越界艺术表达……

有一种观点认为，创造性跟生育祖细胞即男性/女性祖细胞的联合相关，这里蕴含了一个关于生殖能力的隐喻性假设，即通过内在的心理"交媾"可以创造一个拥有"最强大脑"或最佳艺术天赋的心理宝宝（McDougall，1995a；Money-Kyrle，1971）。在今天开放的社会环境中，女性气质不再只与生育挂钩，它还可以体现在其他方面的成就上，不仅仅是在"孩子、厨房、教堂"（kinder，küche，kirche）。无论男人还是女人，多种共存的身份滋养着一个人的创造性，它可以跨越性别和年龄，既表达又超越了解剖学的限制。

我认为，一旦生殖繁衍的"现实原则"可以松动，一个已经有了性别认同的儿童就可以迈出想象性的一跳，来象征性地重新拥有一种两性混合的心理潜能，他们可以通过接受而非放弃自己有无数个调整自我的可能性，并且可以在想象游戏、白日梦和创造性活动中实现这些可能性。

当创造性与未来的生育能力紧密相连时，创生能力往往会被搁置，以等待一个真正的孩子的出生。这可能会把其他的成就贬为次要的；或者，出于情感空虚或没有主体性，有时会导致生个孩子试一下的不成熟行为，或者一旦出现不孕就会造成毁灭性的后果的想法。对另一些人来说，创生能力可以抽象地表现在职业、艺术、智力和创新方面。我认为，容忍性别含糊不清的能力和对其内部资源的确信，是一个创生性主体形成的源泉。

总之，女性气质的概念已经发生了深远的变化。今天，很少有分析师会同意弗洛伊德的说法：一位 30 多岁甚至 40 岁或 50 岁的女病人"却表现出令人震惊的僵化和不可改变性……的确，在发展女性气质的艰难旅途中，她已经穷尽所有可用的资源了"（Freud，1933：134-135）。实际上，与虚无主义的"枯竭"相去甚远的是，今天精神分析领域的大多数精神分析师候选人和病人都是女性，她们积极地投资于如何将自己的创生能力最大化地发展和表现出来。

分析师的元理论：关于性别差异和女性气质

利蒂西娅·格洛瑟·菲奥里尼[1]（Leticia Glocer Fiorini）

本章旨在考查，分析师们关于女性气质和性别差异的各种元理论（即一种逻辑和思维的模型）对解释和建构、移情和反移情，以及其结构即整个治疗进程有哪些重大的影响。

这一探究意味着，我们将采用那些通常附加在性别差异和女性气质的话语中的概念，其中包括它们的知识来源、意识形态、偏见、个体和集体的幻想，这些都支撑着我们的理论和临床工作，没有分析师可以摆脱其影响。这些范畴是如何获得其作为信仰和神话的地位，如何渗透并成为语言的一部分的，这也是我们必须考量的一个方面。

为此，我们需要聚焦在支持性别差异和女性气质理论的元理论，不管它们是显性的还是隐性的，意识的、前意识的或无意识的，个人的还是共享的。这一议题就是要绕开对那些不可改变的基本假设的无条件接纳，并朝着必要的解构方向前进。

那么问题出来了：每个分析师在调查这些议题时手上的理论和个人框架是什么？它们的局限性是什么？在多大程度上我们有选择理论的自由？阉割焦虑是如何在每个男性分析师身上发挥作用的？阴茎嫉羡在女性分析师中又扮演了什么角色？每个时期的社会规范是如何与每一位分析师的幻想、意识

---

[1] 利蒂西娅·格洛瑟·菲奥里尼：阿根廷精神分析协会的训练和督导分析师，也是国际精神分析协会出版委员会的现任主席。她曾担任阿根廷精神分析协会出版委员会的前主席，布宜诺斯艾利斯《分析年鉴》的前编委。她是IPA出版委员会系列丛书的总编，她的论文《女性化的位置：一个异质的构建》曾荣获塞莱斯·卡卡莫（Celes Carcamo）奖（APA，1994）。

形态和个人理论交叉的，它们又是如何自我拓展和相互促进的？每一种对于生理性别和心理性别差异的解释中都有哪些逻辑？女性分析师在多大程度上认同阉割焦虑，并试图通过占据理论赋予她们的位置来安抚这种焦虑？

带着这些问题，我将讨论这些传统上与女性相关的概念：女性之谜、"黑暗大陆"（the dark continent），以及女性身上被赋予的阉割情结的意义和内涵。因为这些概念是密切相关的，我的目标是关注它们与他者性（otherness）这一概念的关联性，当我们回顾历史时，女性气质经常被等同于他者。我们还需要强调，这种对等是由二元极性（binary polarities）（主体-客体、主体-他者）以及它们与男性化-女性化极性之间的紧密连接所支撑的。当然，这也涉及先天与后天的争论。

我想强调的是，按照这个思路，身体也不能例外。我们的身体是我们自己的，也是别人的。我需要指出的是，女性的身体往往是性别差异的化身和支撑。这就给它赋予了一种他者的属性，这是附加在任何主体都具有的他者性之上的。

因此，我的目标是分析和解构女性=他者这一等式，并试图深入探讨其谱系和意义，进而探讨其对临床的影响。我已经在其他文章中发表过这种分析了（Glocer Fiorini，1994，1996，1998，2001a，2006，2007，2008）。在我看来，对这些谱系学的研究有助于对元理论、认识论和逻辑学的研究，这些都隐藏在分析师的工作中，这些可能会被翻译为与性别差异和女性气质相关的意识形态、偏见或不可动摇的信念。

一种跨学科的视角：话语和叙事

"女人"和"他者"的对等指向一种对立——文化和自然——这一对立得到了一种超越时代的观念的支持，即女性与生物和自然有着不可分割的联系，而男性与文化和理性有着不可分割的联系。换句话说，理性对应着男人，感性对应着女人。我们注意到，女性是软弱的、不完整的、低等的存在，或者是恶魔、诱惑的化身，这种观念几个世纪以来一直存在，而且宗教、哲学、医学以及神话和习俗都在证明这一点，精神分析也难免其俗。

在中世纪，"女巫"这一形象展现了与女性相关的邪恶和神秘的一面，似乎还有些仁慈，直到今天这一形象依然完好无损。女人的另一个反面形象是母亲：纯洁又理想化的母亲。相比之下，这些方面往往强调女人的自然属性——生物命运，主要是繁衍的命运。我们还记得，只有在特伦特会议[（Coucil of Trent），译者注：1545—1563年罗马教廷在北意大利的特伦特召开的大公会议]上，天主教会才决定（decided）了女人是有灵魂的。

在其他文化中，我们也发现女性=他者这公式，这个他者通常具有恶行和威胁的特征。在一些原始民族，经期妇女被排除在外，因为人们认为她们会产生邪恶的影响。还有一些文化中有这样一个仪式，在丈夫去世时妻子也要被活活烧死。

19世纪的医学把女性的劣势建立在所谓的科学基础之上。布约（Bouillaud）认为，子宫不是女人的重要器官，因为它不存在于男人体内。这种解剖学的思维，在其他学科中也存在，它显示了男性研究者在做客体研究时把他者性的条件分配给了女性。众所周知，柏拉图（Penguin edition，2003）曾思考过是要把女人归为理性动物还是野兽，伊拉斯谟（Erasmus，1511）在他的《疯狂的赞美》(*In Praise of Madness*)中认为女人就像愚蠢而疯狂的动物。阿里斯多芬尼斯（Aristophanes）在他的《吕西斯忒拉忒》(*Lysistrata*)中反映了古代盛行的观念，即女人是不可预测的、疯狂的、低等的生物，但同时他也描述了女性在避免男性推动战争方面的才能。斯宾诺莎（Spinoza，1677）好奇女性到底有没有伦理立场。弗洛伊德（Freud，1933）在描述女性特征时也没有回避这些观点：正义感更弱、超我构造更弱、30岁后心理更僵化、社会兴趣更低、升华能力更弱。

我们所探究的脉络告诉我们，女性总被认为是消极的，要么被贬低，要么被否认。面对将两性之间的这些差异都归咎于女性的传统现象，我必须打破这种空虚和沉默的状态，它必须被解构。换句话说，女性似乎是一些奇怪的东西，要么被理想化，要么被贬低，要么被置于语言和象征的秩序之外。这个面相深刻地渗透到对女人和女性作为男性主体之外的他者位置的无尽幻想。因此，跨学科的话语和叙事研究对精神分析领域产生了学科内的影响。

我们可能还要牢记，这是在文化领域中存在两种性别差异概念的情况下进行的。一方面，两个严格区分的空间被划分出来：男性空间和女性空间，它们在现代主义中被不断强调，这支撑了两者之间根本的差异。另一方面，世纪之交也带来了生理性别和心理性别差异的多样性，这些差异对现代性关于性别差异的概念提出了质疑。这些伴随着后现代现象而来的性别迁移，建构了新的叙事，虽然没有增添新现象，但却与生物技术的进步和社会接受度的提高取得了特殊的共鸣。

在这方面，我们需要强调，不同的时代都质疑了关于性别差异的经典的二元对立。贯穿整个文化史，男性和女性之间几乎有无限的混合、转化和认同的过程（Zolla, 1981）：双重存在，即柏拉图所描述的雌雄同体；可以进入恍惚和变性的萨满现象；在幻觉中认同女神的喇嘛；这些常见的混合体的表征，我在此就不多加列举了。

正如我们所说，这两种趋势在当下并存：既有现代强调的严格的性别分离，又有后现代（也有学者把它称为晚期现代性或超现代性）所主张的性别变异。它们是一段时期共识意义的一部分，支持了一系列的社会实践和社会关系。但是，尽管这些生理性别和心理性别变异倾向于消除严格的男性/女性的极性，尽管在西方社会的大部分地区，女性的状况已经发生了改变，但它们并没有从本质上改变女性/他者/谜题的远古对等性，这两种情况在今天的社会中也是共存的。

我们还需要指出，虽然女性气质和女人是两个不同的范畴，但它们的关系也是交织的。我们需要在这些不可避免的、模棱两可的关系上努力。

我们可能还记得，女性气质的固着和女人的他者性对精神分析领域有很大的影响。它的影响不仅仅体现在理论和认识论层面，也体现在可能成为分析师立场的一部分的经验领域。

女性气质的谱系：作为分析领域中的他者

在社会纽带的背景下，主体的结构已经从不同的视角被讨论过了。人文科学的各个学科如哲学、人类学、社会学、心理学和精神分析学都已经研究过这个主题。鉴于此，托多洛夫（Todorov，1995）提出，我们需要说话，不仅仅是做平时所为，去谈论人类在社会中的位置，也要去做相反之事：去谈论社会在人类中的位置。

精神分析领域的一大争论恰恰集中在下面这个选项上：人类本质上是基于驱力生活吗？主体化（subjectivization）的过程一定会包含一个他者，这是其心理结构化的必要部分吗？

从弗洛伊德的著作开始——同伴的概念（1950［1895］）、文化的影响（1930a［1929］），这个问题已经从不同的视角被讨论过了。我们可能还记得，还有一些概念，比如客体关系理论（Klein，1945）、过渡客体（Winnicott，1959）、分析场（Baranger & Baranger，2009）、客体化功能（Green，1995）、主体性和主体间性（Ogden，1994；Renik，1993）、想象（imaginary）和象征的他者（Lacan，1966）、主体间性框架中的表征危机（Puget，2003）——这些提议虽然有时有其他的含义，但都提出了一个需要，即要把他者性的概念纳入到主体化和临床实践中。

换句话说，目前的一系列精神分析出版物里都采取了不同的观点来支持他者在主体的生成中不可或缺的参与性。他者和他人的角色被视为一个跨越自恋边界的必需条件，它接受了主体之外的东西和他者在主体性建构中的决定性功能。

其中的很多提议在谈及主体间性或他者时没有考量到它们与性别差异的关系，换句话说，只把它当成一个自然的或无性的他者。然而，但凡精神分析讨论性别差异之处，他者的概念必然出现，并且都惊人地被等同于女性气质和女人。

弗洛伊德的逻辑

在我看来，把女性气质和他者等同的根源有以下几点：①女性气质被理解成了欲望和知识的客体；②女性气质被解释为谜题和匮乏的等同物；③女性气质被等同于母性。这三个根源是相互交织的。我将在本章重点关注弗洛伊德在女性议题上的立场和它们的逻辑性，因为在我看来，它们影响了当代精神分析，要么是被后续的精神分析发展所接纳，要么是被挑战。

（1）主体-客体议题　在弗洛伊德的著作中，主体-客体的极性是和性别差异关联在一起的。弗洛伊德（Freud，1905d，1923e）对此做了一个明显的划分：一方面，男性是主体，是主动的，拥有阳具；另一方面是被等同于客体的女性，是被动的，没有阳具。这就从否定的角度定义了女性。他同时指出，只有在青春期，阴道才会被认为是一个阳具的居所——那就是说，它的位置是被动的。在《图腾和禁忌》（*Totem and Taboo*）中，弗洛伊德（Freud，1912—1913）指出，女人是原始父亲的所有物，因此是可交换之对象。在《处女的禁忌》（*The Taboo of Virginity*）中，他也暗示了她们的客体位置，他说：

"对女性的普遍恐惧体现在所有这些回避的规则中……女人不同于男人，是永远无法理解的、神秘的、陌生的，因此也明显是危险的。男人害怕被女人削弱，被她的女性气质所感染，然后变得无能……这一切，没有任何东西是过时的，没有任何东西是我们身上不存在的。"[Freud，1918a（1917）：198-199]

因此，这种禁忌的一个成因在于，对于男人而言，女人是陌生的、危险的、异质的。我们强调，在这些发展中，女人是客体，因此也是他者，这样的话，这个他者会攻击自我的确定性。弗洛伊德这段简短的陈述揭示了一个我们无法回避的观点：男性是知识的主体，而其面对的是一个需要去了解的客体——这个观点还包含了另一个观点，即男性是欲望的主体，其面对的女性是欲望的客体。弗洛伊德隐晦地承认了这个立场，当他告诉他的读者女性之谜的时候："纵观历史，人们绞尽脑汁试图破解女性气质的本质之谜……在座的各位男士——你们也难免受此问题困扰；女士们可以例外，因为你们就是问题本身。"（Freud，1933：113）很明显，弗洛伊德的参照点是一个男性的知识主体，他在定义他的客体，而且他的既定视角是要离开这个主体。随后他说道："如果你觉得这个想法是一种幻想，觉得缺失阳具会影响女性气质的形成这个观点是一种偏见的话，我也无法辩解。"（Freud，1933：132）把这个观点和弗洛伊德在文中的另一个观点联系起来也并不草率："一个30多岁的女性却表现出令人震惊的僵化和不可改变性。"（Freud，1933：134）我们也不会忘记弗洛伊德写给他的未来妻子玛莎·伯纳斯（Martha Bernays）那封著名的情书（1883年11月15日），弗洛伊德劝阻她阅读约翰·斯图亚特·密尔（John Stuart Mill）支持女性运动的书，提醒她女性应为家庭和孩子而献身。

我们在讨论这一点时，需要回顾一下，女性作为知识客体的位置是与她作为一个谜题、黑暗大陆、他者性的位置是相似的。换言之，他者和客体，即使它们并不完全等同，但在思维序列中也是亲密相连的❶。这里我们看到了弗洛伊德的经验和癔症病人之间的亲密联结。癔症病人的游戏：诱惑、点燃欲望而后拒绝，依然是与谜题和黑暗大陆的概念挂钩的。在这种背景下，癔症等同于女性气质。这些对等关系倾向于癔症化女性气质的领域，并把它普遍化，因为它们只考虑关联而不考虑差异。对女性气质的癔症化既可以解释阴茎嫉羡这一概念的起源，也解释了从男性中心的立场来阐释女性地位并将其推广到所有女性领域的起源。这意味着，比如说，当涉及其他维度时，会存在过度解释阳具竞争或错误解释的风险。

现在，如果我们从婴儿性欲理论的角度来考虑主体-客体关系，我们可以从《小汉斯》（Freud，1909b）的案例中看到，弗洛伊德是在两个成年人对婴儿性欲的描述基础上建立他的性别差异理论的，即小汉斯的父亲和弗洛伊德自己。这个孩子是一个小"研究员"，他的发现被这些成人理论化并赋予了意义。这些调查遇到了阉割主题：调查主体发现了性别差异，并把缺失指派给女孩。*然而，仍然有必要强调的是，这种"缺失"被置于一个把差异解释为缺失的前置框架中。*因此，在由此带来的思维序列中，存在-缺失、阳具-阉割、男性-女性，这些极点是对等的。这些理论把"被阉割"的他者定位在女孩身上，她注定要有阴茎嫉羡，而且会有小汉斯自我否认的那

---

❶ 客体，尽管有相对的异质性，却总是与主体与自我处于一个关系的序列中。没有客体是和主体或非我（Not-I）截然不同的。相比之下，在列维纳斯（Lévinas，1947）看来，他者性的概念暗示了一些与主体显著不同的东西。

个部分：阉割。然而，他们也把她确定为一个被欲望主体所渴望的欲望客体。这就提出了一个有趣的悖论，因为最被渴望的客体正是引发"恐惧"的客体……

从这一点出发，我们来回想一下精神分析是如何在性别领域界定主客体关系的。然而，正如我们所说，同样的情况也发生在知识领域。我们还记得拉普朗什（Laplanche，1980）的观点，即成人的性欲理论可能会复制婴儿的性欲理论。当分析师无法区分这些层面和它们的隐喻性时，这当然意味着严重后果；在这个意义上，解构精神分析的性别差异理论以及它们与婴儿性欲理论的关系就变得尤为重要了。

然而，我们也会注意到，弗洛伊德的著作是开放的、多中心的。因此，我们看到弗洛伊德从未放弃心理双性恋的主题，还有主体-客体的排列、交叉的俄狄浦斯式认同和欲望，这又让问题变得更加复杂。因此，女性气质被取代了，它被强制性地等同于客体，被必然性定位在女人身上。此外，弗洛伊德（Freud，1905d，1933）一直认为男性化和女性化这两个范畴的内容是不确定的。这假设了其他变量的加入，即去除了男性化-女性化的极性，尽管他从未放弃这个最初的主体-客体极性，他在知识和欲望层面把它等同于男性化-女性化的极性。

在这一点上，我们需要强调，这些极性对照的是二元论的逻辑。人类学家弗朗索瓦丝·赫里蒂埃（Francoise Héritier，2007）非常精确地描述了关于男性化和女性化的这类和其他等同物是如何影响等级和权力关系的，比如热-冷、强-弱、高-低、干-湿。因此，我们可以说，二元论逻辑不可避免地也是权力逻辑，因为等级制度不可避免地归属于一个更高的极点。在这些相关的口误、话语、知识和权力中，男性化-女性化的关系被建构。这涉及生理性别和心理性别差异。在我看来，这些话语也影响了精神分析领域，包括理论的形成和精神分析师自己。例如，弗洛伊德在《男性的一种特别的客体选择》（*A Special Type of Choice of Object Made by Men*）中写道："在正常的爱情中，女性的价值是由她的性欲整体性来衡量的，而且其价值会因任何类似妓女的特征而贬值。"（Freud，1910h：167）在这个陈述中，关于女性的权力和知识与男性化-女性化两极中的男性一极交织在一起。女人也可能共享这种话语。

从女孩的角度来看，我认为弗洛伊德呈现了两方面的内容：一方面，他介绍了前俄狄浦斯阶段，该阶段不断强调女孩和男孩之间的差异，也包括另一个重要的事实，即女性的位置是通过俄狄浦斯情结的解除获得的而非天生的，在这一点上，先天与后天的争论就变得重要了。但是，另一方面，关于差异，女孩采用了小汉斯所认为的她因缺失并沦为"阴茎嫉羡"的受害者的观点（Freud，1933：125）。换句话说，女孩是不同的，但是，从阳具一元论来看，她却是相同的。在弗洛伊德的叙事中，女孩再次接受并支持这个谜题。但是，根据弗洛伊德的逻辑，女孩为什么要支持这个理论呢？因为可见的东西（阳具）是权力和知识的象征吗？因为它支持男性自恋吗？

我们还要牢记，正如克里斯蒂娃（Kristeva，1984）所说，当女孩们面对阉割理论时，她们可能会选择臣服于它而非真正地认可自己。该学者认为这些理论影响了女孩们对外表的固着，而这和男性的幻想密不可分。

在这个框架中，我们又想到莫妮克·戴维·梅纳德（Monique David-Ménard，1997）曾强调，在知识领域内没有中立的主体。她强调，个体在建构理论时必然触及自己的幻想（性别差异理论的建构者是男性，偶有例外是女性）。她还指出，阉割焦虑定义了性别差异的概念和理论。德里达（Derrida，1987）的"阳具中心主义"概念也提到了这个问题，阳具似乎变成了一个先验因素，被重新引入存在主义的形而上学之中。

知识的主体和欲望的主体是不可分离的，所以在建构理论时没有中立的知识，在人文学科中更不用说，在生理性别和心理性别差异领域最是如此。

这样，一种误解就形成了：性别差异的谜题被定位在了女孩身上。在这种定位中，女孩被分配了缺失的位置和他者性的化身——也就是说，与自己不同之人——而自己被分配给了男性。在我看来，我们需要重新定位这个谜题，这不是说要取消性别差异的概念，而是通过不把它定位在两极中的某一极——女性气质来支持它。谜题就是差异本身，而非女性气质。

然而，我们所讨论的思维序列倾向于将女性视为他者的观点普遍化。例如，一位男性病人，患有恐惧症，在与女性交往时有明显的抑制，他在一次分析中这样谈论一段失败的爱情："……嗯，你知道，女人，你永远也不可能了解，你永远也不知道她们会怎么反应，她们是无法预料的……"这个病人试图用这种广为流传的说法，将自己的主体参与性从冲突中分离出来。为此，他诉诸了一个普遍而共识的"真理"。如果分析中碰到这种情况，可能会出现以下两种情况：①分析师可能同意他的现有理论、他的相关幻想，并在意识层面或无意识层面和他达成共识，因而，分析师不会对此做出解释；②分析师可能会质疑它，不把它当作一种毫无疑问的说辞而接受。这时，分析师可能会提问、调查、进行关联，试图从这些信念和神话中固有的集体思维中提炼出一个位置：那就是恐惧。对于女分析师而言，这也提供了一个有趣的方面："我（作为一个女人）也知道，你永远不会懂女人。"这种对常识和权力的认同也是一个值得被分析的悖论。

因此，这段话里的很多元素都可以被分析：①与性别差异相关的焦虑；②对女性的母性权力的焦虑；③对男性和女性关系的规范、意识形态和偏见的心理内化，集体话语和信念与个人的阉割幻想的交叉；④认识论的来源，把女性等同于神秘的他者，因为她是未知的，所以这会威胁到知识和欲望的主体，这说明男性的阉割幻想在起作用。*换句话说，如果这些谱系不被分析，阉割的幻想仍然会被置于女性他者身上，而不会被置于男人和女人身上共同的"不完整性"上。*

（2）女人＝母亲　这是支持女性化-他者等式的另一个根源。我们知道，母性他者总是兴奋和拒绝的共同焦点。在《三个盒子的主题》（*The Theme of the Three Caskets*）（Freud，1913f）中，弗洛伊德认为母亲对于一个男人而言总是在场的：首先是在他的起源上；然后是他所爱的女人，他根据其与母亲的相似性而选择；最后是他将回归母亲大地。换句话说，在一个男人的生命周期，母亲是无处不在的。在这个意义上，一种对原始快乐的怀旧之情让儿童对母亲他者产生了两种感觉：最让人习惯的，或者熟悉的（*heimlish*），同时又是不熟悉的（*unheimlish*）、陌生的和神秘的（Freud，1919h）。这意味着，一些极度熟悉的东西似乎成了陌生的东西，我认为这是让它成为最典型的谜题的原因。在这个点上，我们找到了一个支持这一基本误解的口误：母亲＝女人。母亲他者的谜题被定位在女人和总体的女性气质之上，我们可以再次重新定位母亲他者这一谜题。这对临床实践尤为重要。

在这种背景下，短板理论通常的做法就是去限制，就像弗洛伊德（1931b）所做的那样，把女孩的性心理发展的结果局限在抑制、男性气质情结或母性情结方面。最终的结果是，通过象征性的等同，女性把对阳具的愿望转化成了想要一个孩子的愿望，这是弗洛伊德所认为的女性气质的终极目标。沿着这条理论思路，只有通过母性才能到达女性气质的表征❶。因而，所有非癔症性和癔症性的、所有非母性和母性的女性性欲都被否定。更确切地说，这三条发展路径都忽略了女性作为欲望主体这个部分——这可能最后包括并支持了其作为欲望客体的位置。但是，怎样才能打破女性（the feminine）＝母性（the maternal）的等式呢？*其中涉及一种第三功能，即它还必须把女性气质从母亲他者身上剥离开来（不仅仅是在结婚时孩子与母亲的象征性分离上）。*它需要一个去认同（de-identification）的操作来重新启动必要的象征性认同。换句话说，我们因此必须强调，尽管两个范畴——女人和母亲——是相互关联的，但它们也需要相互分离。

我们认为，女性气质的多个方面：作为一个基本原则、一种既定身份、一种性欲、一种认同理想、一个质性的性别角色（女性）、一种母性的等同物以及女人等同物，这些面向由一个虚线的脉络贯穿了起来。这体现了多年来学界对女性气质从未间断的解构和建构。

在这方面，我的意思是说，女性气质是一个多义词，它的内涵十分复杂，且发展因人而异。因此，即使在同一个女人身上它们也可能是各有千秋的。这就需要我们在审视性别差异的时候换一个视角：这种差异必然是有历史原因的，必然是被诠释过的。既然这种差异绝非中立的，那么我们就无法摆脱话语背景的影响，完全从一个客观立场来解读它。

---

❶ 在其他文献中（Glocer Fiorini，2001a，2001b，2007），我提出一个观点，把想要一个孩子的欲望超越象征性等同（一个原始缺失的象征性替代）。出于这个目的，我借用了"欲望性生产"（desiring production）的概念（Deleuze，1995；Deleuze & Parnet，1977），它超越了将欲望仅仅源于缺失的流行趋势。

后弗洛伊德时代和当代的争论

弗洛伊德的女性和女性气质主张一直贯穿在迄今为止的精神分析中，或以和谐之音，或以不和谐之音。我们无法在此穷尽后弗洛伊德时代和当代的所有分析师的思想，但是，我们将试图列出那些对我们评论有重大价值的观点。在此过程中，我们需要考量它和这个议题以及其他议题的关系——世界上不是只有一种精神分析。

原初男性气质（primary masculinity）是讨论最广泛的概念之一，也是弗洛伊德-琼斯辩论的著名议题。琼斯（Jones，1927）认为，原初女性气质的基础是对阴道的原始认识。这一贡献确实倾向于从一个与弗洛伊德不同的立场来重新定位女性气质，但这个讨论的一些内容仅限于纯粹的解剖学-生理学方面。克莱茵（Klein，1945）为女性的身体赋予了重要的价值。后来争论有所扩展，强调文化在女性气质建构中所扮演的角色（Horney，1924）。还有一个争论是关于阴茎嫉羡是原初性的还是次生性的，一些与弗洛伊德亲近的分析师在这个议题上提出了反对弗洛伊德观点的意见。我们记得，弗洛伊德告诉那些反对他观点的女性分析师们：男性元素在她们身上占主导地位，以永真式（译者注：tautology，又称重言式，指一个公式，无论如何解释其真值永远为真）的方式来回避这个问题，他依然坚持主体＝男性、客体＝女性这一等式。

这些争论的中心在于，是否要赋予女性应有的实体地位，而且把女性气质看成一个整体。分水岭由此出现。在盎格鲁-撒克逊世界里，几乎所有人都接受原初女性气质。通过这种方式，人们试图赋予女性气质一个单独的实体，尽管它无可避免且总是会和一个参照物（即：男性模型）关联在一起。

另外，在法国精神分析界，包括受其影响的其他地区，拉康学派用更复杂的"性数学"（mathemes of sexuation）重申和发展了弗洛伊德的主张（Lacan，1972-1973）。拉康学派把两性差异的基础放到了女性的缺失之上。尽管拉康认为，男人和女人可能会占据女性化的位置，但很显然，给它贴上女性化的标签本身无疑就暗示了一些东西。对拉康而言，女性他者（Feminine Other）是一个标准的他者，所以，问题仍然存在，甚至他还有

另一个问题："女性没有能指（signifier）。"（Lacan，1955-1956）

然而，温尼科特（Winnicott，1966）不再以这个问题为中心。在他看来，女性气质，从原始认同（primary identification）的角度来看，是一个与存在相关的范畴。在这个意义上，它涉及两个性别，而且起源于和母亲的最早关系。用温尼科特的术语来说，这解除（unlink）了女性气质和母亲的直接关系。换句话说，它可能是女人和男人主体化过程中的一个必要环节。

正如我所指出的，本文无意回顾精神分析、人类学、语言学、历史学等对女性气质研究所做的全部贡献。然而，我们可以说，其中的许多人都把女性等同为他者：要么是不在场或缺乏一个基本能指（阳具），要么是一个被贬低的他者；在这两种情况中，它们都含蓄或明确地假设了，女性气质的建构是建立在男性主体的知识和欲望之上的。《第二性》（*The Second Sex*）（Beauvoir，1949）强调了其中的很多面相。

在另一个群体中，这些立场与其他思潮共存，他们对这个议题的讨论走向两条道路。一条道路是通过强调常用的、被贬低的女性化特征来重新评估他者；另一条道路是质疑女人和女性化的他者位置，并调查阻碍女性在理论中成为主体的原因和困难，当然这必然也包括了其带来的临床影响和每一位女性的个人体验。按照这种思路，体验和理论之间存在着不可分离的关联性。

性别理论还提供了其他重要的元素。尽快精神分析学界还未全部接受这些元素，但是像斯托勒（Stoller，1968b）和他的跨性别主义研究，已经吸收了这些贡献的部分内容。生理性别-心理性别的极点（Rubin，1975）假设了性别化的解剖学和由文化因素决定的性别身份之间的分离。这样，性别就成了一种文化的建构。然而，性别理论不止有一种；同样，性别化的解剖学仍然是一个需要讨论的主题（Faure-Oppenheimer，1980）。此外，对于像巴特勒（Butler，1990）和拉克尔（Laqueur，1990）这样的分析师而言，身体不是纯粹的解剖学，换句话说，它不是"天然的"。这就意味着，身体不是早于文化规范的存在，而是其中的一个部分。

布尔迪厄（Bourdieu，1998）也为分析身体和性别差异的关系做出了有趣的贡献。在他对卡巴利亚人的人种学研究中，他将女性的身体姿势描述成服从的标志,他指出统治的同化作用被铭刻在身体里——姿势、纪律、服从和情绪。他强调统治者通过铭文把生理本质合法化了,所以它是被自然化的。他将此称为"去历史化的历史工作"(historical work of de-historization)。在他的研究中,我们看到女人的他者性品质——在这里是一个服从的他者——是如何被铭刻在身体上并被"自然化"的。

从这个意义上而言,我们需要强调的是,母婴关系不仅仅涉及言语,还涉及前言语阶段的那些信息传递和日常接触,以及那些制约、标记并赋予性别差异意义的往复震动。然而,与此同时,我们也不能忽略身体在出生之时就携带的那些与性别差异有关的特点。主体性的产生有赖于这些变量之间互动的不同方式。

反思

今天,我们面对的是单一的和集体的体验,它们挑战了关于生理性别和心理性别差异的精神分析理论。理论和临床实践之间也有差距,这迫使我们要去解构经典理论。理论必须接受变化,精神分析师也必须如此,如果他们所主张的是处理某种程度的真理。

从这个意义上来说,我想强调的是,这些反思的焦点旨在解构和女性不可分割的他者概念。我们可以用不同的方式来理解他者,这将影响我们思考女性气质和性别差异的方式。

福柯(Foucault,1966)坚持现代性的认识论是建立在自体-他者的关系基础之上的。在此意义上,我们可以回想一下,在现代性的话语中,他者可以在某种程度上被主体所包含,这样就可以消除差异;如果这种包含失败,他者就会被主体驱逐或贬低,直到它最终被表征为拒绝(拒绝也是一种表征的方式,这里是对女性气质的拒绝)。这是一种理解女性他者的方式。相反,列维纳斯(Lévinas,1947)已经在对先验主体(transcendental subject)的批判中提出,他者一个目标在于,要做一个彻底的他者,一个外来的、完全不同于自我的他者。这是理解女性他者的另一种视角。从另一个角度来看,卡斯托里亚蒂斯(Castoriadis,2002)强调,"同者和他者"(Same and Other）是存在展开的两种终极维度，它们相互交织，但又因此无法相互约束。这涉及两个重要的结果：一方面，把他者性从对女性气质的不可改变的依附中分离出来是可能的；另一方面，它暗示了，他者、另一个完全不同的人，也包含在同一个主体之内，它和女性气质的等式说明了投射这种防御机制。它还承认他者也是一个主体。

这种理解"同者和他者"的方式，可以将它们从固定的位置或男性化/女性化的归属中分离开来，这个过程是持续和动态的。

每个精神分析师的解释背后都有这些逻辑学和认识论的支持。承认这一点意味着一种分析的能力，一种可以避免从本质主义的角度来解释女性的能力。一些本质主义解释的例子包括：将女性定位成他者的僵化立场；或者当精神分析或心理学的现有范畴没法归类这个术语时，将女性气质普遍化的强烈倾向。这些考量都属于思维评判的广义范畴，这些思维倾向于通过"类别逻辑"（class logic）来普遍化范畴，这一点受到了德勒兹（Deleuze & Guattari，1980）、卡斯托里亚蒂斯（Castoriadis，1998，2002）和其他学者的质疑。

要解构这些等式（主体＝男性、客体＝他者＝女性、女人＝母亲）和分析这些谱系，我们需要具备一种能力来超越这些元理论根源上的二元或二分法逻辑。既然二元系统是语言的一部分，我们不能简单地取消它们。一个折中的方法是，我们可以生成一个"飞行轨迹图"来打破僵化的二元论图式（lines of flight）（Deleuze & Parnet，1977），用一个更广阔的复杂性理论来容纳它们。这种趋势可能会生成另一种象征性差异，帮助我们超越关于女性气质的实体主义立场。

正如我在其他文章中所说的（Glocer Fiorini，1994，2001b，2007），我认为性别化的主体性是超越了二元逻辑，在不同范畴的交叉点上建构起来的：解剖学的异质性（也是被诠释过的）、性别多元性、多元认同和欲望的"产生"。这些范畴是互为异质性的❶，与此同时，也不能脱离那些已被接

---

❶ 在思考异质性和矛盾范畴时，我曾经建议（Glocer Fiorini，1994，1998，2001b，2007）采用复杂性的范式（Morin，1990），它接受异质性变量的共存，主张不仅维持它们之间的相互联系和联结，也维持它们之间的对立和矛盾。

受的话语所赋予它们的意义。每一个人都和另一个人或他人有关系，这从出生开始甚至在出生之前就已经开始了。从这个意义上说，性别化的主体性假设取决于个体是如何根据这些范畴之间的连续性和非连续性来处理和加工象征化的❶。这就去除了主体＝男性和客体＝女性＝他者的极性中心。

这些主体化的过程还使人认识到：每个主体中都有一个他者，他者也是一个主体。这些把我们引向了一个思考：如果从"过程中"（in process）来思考主体性，把主体性视为一种"生成"，那么它永远都是不一样的，它将超越僵化和固定的身份。在这些运动中，主体-他者和他者-主体是可以互换的，那些支撑女性化和性别差异理论背后的元理论可能真的需要修改。

---

❶ 我认为，虽然主体化的过程总体上包含了更多的变量，但是它们不能摆脱上述关于性别化主体性观点的限制。

男人和双性恋者身上的女性维度在分析情境中的变迁

蒂里·博卡诺夫斯基❶（Thierry Bokanowski）

在分析工作中，让分析师备受打击的时刻包括：当一个人感到所有的努力都是徒劳而很压抑时，当一个人怀疑自己在"跟空气说话"时，但是，比之更甚的时刻在于：当分析师要去劝说一个女人放弃她想要一个阴茎的不现实愿望时，或者当分析师要去说服一个男人：男人的被动态度不一定就等于阉割而是生活中许多关系中必不可少的一部分时。

《可终结与不可终结的分析》（Freud，1937c：252）

在《可终结与不可终结的分析》的结尾——这篇论文被视为弗洛伊德的遗作和其对长期精神分析工作的一个总结，弗洛伊德（Freud，1937c）提出，"对女性气质的拒绝"（repudiation of femininity），在男人和女人身上都有，是精神分析治疗结束的主要障碍之一，需要通过精神分析方法来进行修通。

在这个点上遭遇阻抗的主要原因，对女性病人而言，是要处理她们的"阴茎嫉羡"，对男性而言，是处理他们与"自己身上被动或女性化态度的斗争"（Freud，1937c：250）——换句话说，弗洛伊德认为，男人和女人都有这个心理难题的共同原因在于：对女性位置或女性维度的心理内化能力。对这个维度的拒绝——弗洛伊德称为"对女性气质的拒绝"——构成了一个"基

---

❶ 蒂里·博卡诺夫斯基：国际精神分析协会的会员，巴黎精神分析协会的训练分析师和训练督导，巴黎精神分析学院的前秘书长，《法国精神分析杂志》的前编辑，IPA出版委员会的前会员。

岩"（bedrock），也是"伟大的性之谜的一部分"（Freud，1937c）。

因此，对女性维度的拒绝，或者"否认"——基岩——对弗洛伊德而言，是精神分析治疗中面临的主要问题之一，它暗示了病人与自己心理双性结构和谐的程度。

虽然我们可以隐约理解女人身上的女性维度涉及了什么——超越了它可能指定的非性别化的领域，这是所有人的一部分，不管是男人还是女人——但是当我们沿着弗洛伊德的脚步来谈论男人身上的女性维度时，我们试图描述的是什么？换句话说，男人身上的女性领域包含了哪些内容？通常，当我们讨论男人的女性气质或女性倾向时，我们指向的是他们与驱力相关的目标中的被动成分、他们的所谓女性化的受虐倾向，或者一种可以被描述为同性恋的心智模式。在精神分析的临床实践中，这些与阉割焦虑相关的负性俄狄浦斯情结或正性俄狄浦斯情结，通常会以被动性和受虐倾向的方式体现在一些本质上被视为女性化的防御结构中。

从远古时代起［见柏拉图的《会饮篇》（*Symposium*）］，人们就已经承认，就像女人可能有一个重要的阳具成分，男人也可能会表现出一些女性特征，这是双性结构不可缺少的一个部分❶。然而，由于他们的阳具维度和维护男性气质的需要，男人经常会把他们的女性化倾向——他们的女性维度——体验成一种焦虑的根源（阉割焦虑和羞耻）；这些反过来会唤起一种冲突感，他们觉得这是不可能克服的。另一方面，女人在容忍她们的阳具渴望和可能的男性化倾向上没有什么困难❷。

那么，当男人不得不面对自己女性化的一面时，是什么原因让他们陷入恐惧呢？通俗地说，他们为什么很难思考这个部分呢？他们害怕被哪一种陌生的情感所淹没呢？

再次，为什么对女性维度的理解都是负面的，即对它"拒绝"或"否定"呢？这是否和一个事实有关，即男人身上的这个维度与他们对母亲的女

---

❶ "所有人类个体，由于他们的双性倾向和交叉遗传的结果，身上都具备了男性化和女性化的特征"（Freud，1925j：258）。
❷ 女人的认同是建立在"内在的"具体特征上的：看不见的、可以被插入的、生产性的。

性维度的原初认同紧密相关？或者，根据温尼科特的看法，它呼应了对乳房的原初的非本能性认同（primary non-instinctual identification）——男人认为这是"纯女性"的一个器官（Winnicott，1971a：76），而这其实是两性共有的？

换句话说，我们如何理解这些恐惧和羞耻，它们有时会导致对所有女性气质的憎恶？它们之中是否包含了一些与此相关的隐藏因素，比如丧失或者是怀念原初的客体，或者自体对被动的潜在恐惧，诸如此类？

对男人身上的双性和女性维度的一些假设

精神分析师并不是这样对待性别的，他们会采用比较复杂的形式，这些复杂的表征形式可以让其适用性更多元、更广泛。精神分析的这些表征、生理和心理两种性别身份、男性化和女性化，都根植于图式和身体体验，反映了一个人的遗传学和解剖学特征。

作为一个女孩的事实，意味着，终其一生，她的身体和心理体验都与男孩不同（当然，反之亦然）。这一定程度上解释了双性恋的复杂特质为何必然与这些认同的复杂形式有关，它又为何触及了儿童性欲和情色幻想中的男性化和女性化成分，这和儿童的现实情绪体验是有关联的。因此，这些和身体意象关联的、支配了个人的心理双性恋的无意识幻想的动力，不需要完全符合自体的性现实：它们在某种程度上依赖于构成自体结构的某些特征，包括特别重要的异性认同这一因素。

如果分析师在倾听他（她）的病人时，没有足够重视与病人双性恋相关的移情模式和与分析师自己双性恋相关的反移情模式，分析可能会触礁到两个参与者身上那个弗洛伊德称之为"基岩"的东西，即"对女性气质的拒绝"（Bokanowski，1998）。

在整个童年期间——因此，也贯穿了整个俄狄浦斯期——与解剖学的性别、身体感觉、心理体验（幻想加工）相关的差异在男人和女人身上不断扩大。从逻辑上说，女人身上的男性维度和男人身上的男性维度不同，就像男人身上的女性维度和女人身上的女性维度不同一样。然而，正如我在一开始提到的那样，两性的共同特征是*对女性维度的拒绝*——尽管这给两性带来的后果是不同的，因为这种拒绝影响女人的是她们自身就有的性别，而影响男人的是他们身上没有的性别（Cournut-Janin & Cournut，1993）。

在试图解释这些可能会阻碍我们认同男人身上的女性维度的假设之前，我简要提一下男孩在这个领域的心理发展阶段，这些阶段促进了他双性恋的建构。

在出生后的最初几个月里，男孩不断地与母亲接触，很自然地将母亲原初的母性和女性化的成分内摄进来，并认同它们。在这个对心理建构至关重要的最初阶段，母亲和儿子相互"滋养"：母亲依靠儿子的力比多来确立自己母亲的身份，儿子需要内摄母亲的母性和女性化力比多——换句话说，就是她的"母性的女性化维度"（Bégoin-Guignard，1988）。

然而，尽管这种关系是建立在原初女性化和母性的元素基础之上，但它涉及了两个不同的人：这种不同是本质上的，因为母亲不得不接受她的儿子是不同的，无论是在性别上，还是在男性气质上。这个阶段也是支撑自体性欲（auto-eroticism）心理矩阵形成的时期；它奏响了原初客体丧失的前奏——等同于格林（Green，1986）所谓的"剪断心理脐带"（cutting the psychic umbilical cord）。这发生在对原初客体丧失的哀悼期间，伴随着抑郁的发作，通常，这会进一步导致对作为一个客体他者的父亲的觉察；由此父亲被塑造成一个第三方，他既是一个把孩子和爱的客体分开的客体，他自己本身也是一个爱的客体。

从那时起，男孩的女性维度不再是一种与母性维度认同的简单功能，它的建构也有了父亲的参与（这是同性恋结构形成的先驱，它既是男孩心理双性结构的一部分，也是俄狄浦斯情境中的一个环节，男孩在这里找到了自己）。

现在，我将试着概述一些让男人很难承认和接纳他们的女性倾向的可能原因。

我的假设是，既然它和他与原初客体的关系相关，这个年轻男孩的女性维度包含了这段关系中被压抑［原初压抑（primary repression）］的创伤痕迹。这些创伤痕迹是个体与母性女性维度的原初认同的心理结果，它涉及了母亲对婴儿的无意识的投注❶。

至于对母性女性维度的原初认同，我的假设是每个人都经历了两个阶段，从一边移动到另一边可能是婴儿特定兴奋的原因，可能在他（她）的心理建立了一系列的创伤记号［原初创伤（primary trauma）］。我认为，与母性女性维度的原初认同的最初阶段，从本质上而言，与其说是女性化的，不如说是母性的，因为母亲已经被她的"原初母性关注"（primary maternal preoccupation）完全占据了。在第二阶段，母亲给父亲重新投注了性的色彩，婴儿对母亲女性维度的原初认同发生了修改，其认同更多指向女性的部分而非母性的部分。

因为这个从对母性部分到女性部分的原初认同的转变，婴儿得以面对面地接触了母亲的女性维度，可能的是，对于男孩而言，这个转变会唤起他们更大的兴奋，比女孩更不受限制的兴奋。这里还有一个元素是母亲对婴儿的无意识投注模式，同样重要的是，母亲随后会把它跟她自己的原初客体进行比较，她必须经历一个与此相关的哀悼过程。

个体被隐性地指定了一个表征：表征了客体的原初客体（如母亲的母亲）的"失去的记忆"，从某种程度上来说，个体已经认同了那个客体（母亲）。

当与客体的分离发生时（进入抑郁位），第三方元素就得以进入二元关系，这时的自体，一方面要面对着对丧失客体的哀悼，同时还不得不承担额外的心理任务。它必须要去处理已经被内化的"客体的原初客体"，这部分已经对客体（母亲）产生了影响，它在某种程度上倾向于怀旧，把个体囚禁在过去的坟墓中。从那一刻起，个体对自己作为一个外来的身体的体验，与

---

❶ 根据莫妮克和珍·古诺（Cournut-Janin & Cournut, 1993：1547）的观点，男性身上的女性维度是"丢失的知识"——被忽略的、被压抑的、被误解的，对它们的哀悼可能没有修通，仍然是无意识的，就像那些曾经为人所知的"丢失的知识"一样，因而，它还是被压抑的（通过原初压抑的机制）。

最初的母性女性维度关联了起来，这镌刻在个体的女性维度之上，这个阴影留下了一些痛苦的创伤痕迹。

以女孩为例，她们与自己的原初客体是同一性别，所以这个关系是从·相似到相似·（from similar to similar），我们可以说，母亲在女儿的身上看到了她可以认同的东西，她可以把和女儿的关系认同为与自己所失客体之间的再续前缘。因此，在母亲和女儿之间，通过对丧失客体的怀念，她们发展了一种能力：既和原初母性女性维度中的多种女性化成分进行沟通，又能够把它整合到自己的身份之中。

男孩就不同了。母亲发现自己处在一种完全不同的情境中，因为她把对已失客体的部分怀念转变成了将自己的儿子投注为一个不同的性别。然后她就可以抹平甚至抹去自己永远无法言说的那些痛苦。面对客体的怀旧倾向，男孩不得不默默地在背景里体验到一些东西：他们和母亲的性别不是相似而是不同的，母子关系不像母女关系，因而和女孩相比，因对客体关系的无意识认同而形成的女性维度让他们感到更加痛苦。

总而言之，我想说，从原初的母性认同到对女性维度的认同，这个转变可能会导致男孩（以及未来发展成一个男人）的身份认同模式比女孩更具有创伤性。这或许可以解释为何这个维度更难理解，因为原初压抑会把它变成一些无法用意念表征的东西、一些不可知的东西，或者就仅仅是一些丢失了的东西。

男人身上的所谓"女性"受虐倾向

难以捉摸？不可能表征？不可知？毫无疑问，但这只是从某种程度上来说，因为男人身上的所谓女性受虐倾向（Freud，1919e，1924c）貌似携带了原初母性认同和女性认同的痕迹、记忆和前创伤性（甚至是创伤性的）的瘢痕。此外，这是女性受虐倾向的功能，通过将它们与相关的驱力结合在一起，这些认同变得让人更容易忍受。对弗洛伊德而言，儿童的与俄狄浦斯情结相关的被殴打的核心幻想，是一种对和父亲乱伦关系的替代（对男孩和女孩都是这样）。对女孩而言，这基本上是一种异性恋幻想，而对男孩而言，这替代了一种与父亲的退行的乱伦关系（同性恋的，即心理同性恋），基于"倒置的态度，在这里父亲被体验成一个爱的客体"（Freud，1919e：199）❶。

对男孩而言，这个位置不仅与父亲的力量有关，而且与他的暴力相关，这些让他恐惧、钦佩并心生嫉妒。正是因为男孩渴望拥有这些特征，他才试图用一种退行的方式把这些占为己有。"典型的女性情境"（characteristically female situation），指"被阉割，或被交媾或生一个孩子"（Freud，1924c：162），这样就打开了一种通过内摄一个无所不能的、无法被阉割的（可以说不可阉割的）的父性阴茎来占有它的幻想。

然而，在男孩身上，我们还是可以看到，在一个正在挨打的孩子的幻想中有一个变形，这给一个孩子被一个成人（尤其是母亲）引诱提供了原初幻想（primary fantasy）的轮廓。男孩有了成为母亲的性欲客体的经验，可以通过被动的方式全然地参与到她的快乐之中，觉得自己是能够为母亲提供专属快乐的工具；男孩在这个幻想中可以主动控制和约束自己的兴奋，从而摆脱"原初诱惑"（primary seduction）的深渊，摆脱会变得被动的危险——原初焦虑和恐惧的一个来源。一个正在挨打的孩子的幻想，不仅仅可以帮助孩子重建与母亲的联结，也可以提供一种保护——尤其是对男孩，打孩子的父亲以第三者的身份出现在他们之间——保护孩子免受母亲展示的女性维度的影响，也保护孩子不受永远失去它的威胁。

男人对女性维度难以维持和难以置信的渴望

现在，我想借用一个临床案例来强调，对一位男性分析师而言，去探讨他的男性病人对女性维度的抵抗，这一点是多么重要。我也将说明，倘若我们可以解释分析过程中两个参与者的女性倾向，通过他们各自无意识

---

❶ 从精神分析治疗的角度来看，男人身上的女性化维度可以被理解为一种与负性俄狄浦斯情结衍生物相关的防御方式，也就是男孩的心理同性恋。一方面，这是一种对同性恋的防御方式，当面对常态俄狄浦斯情结和与此相关的阉割焦虑时采用了退行的方式。它引向了对父亲的被动的臣服，这可能表现为某些受虐特点（女性化的受虐倾向）；另一方面，还可能有一种更退行的同性恋方式，情爱（erotic）对象不参与俄狄浦斯情境，因为这种同性恋是对原始母亲形象（阳具的、自恋的、全能的）的防御。

的女性维度之间的相互作用，走出这个类似的僵局并发现自我是完全可能的。

然而，在此之前，我认为，有必要提醒读者，男性分析师在分析的过程中会在不同的层面——没有优先顺序——倾听他的男性病人。

在最明显的层面上，精神分析师，一个男人，将不得不倾听另一个男人的男性特征，这与病人的男性（父亲、兄弟和儿子）认同一致。他也将面对这个男人的女性认同部分（母亲、姐妹和女儿）。

在一个更隐蔽的层面，他会关注病人的男性倾向，这会导致病人把分析师体验为一个女性化的移情客体；从反移情的角度来看，这将使得分析师要动用他自己的女性认同。然而，他的麻烦还没有结束，因为——最后但是最重要的是——他将面临一种移情，在这种情境中，他将扮演一个女人的角色，去触及他男病人身上的女性倾向。

临床片段：M 先生

M 先生是一位年轻男士，他来接受分析的原因是想知道他全身不适的原因。经分析，M 先生有抑郁的特点，与此相关联的是对俄狄浦斯客体的内疚之情，这体现在移情之中，它的表现是，他有强烈的需要去修复有严重缺陷的父母意象（他的母亲突然去世，当这一事件和父母曾经尝试过流产的过去结合起来的时候，这变成了更大的创伤，母亲去世后，他体验到在他的整个童年期他的父亲一直在抛弃他）。

在相当长的一段时间里，分析实际上处于停顿状态，甚至是陷入了僵局。M 先生不停抱怨，因为内疚，他无法改变什么，他声称他不得不臣服于命运的安排，因为他的重度受虐倾向，他在职场和情场一再失败。他的这种态度给我传递一个印象，他患有命运神经症（fate neurosis），这被他理解成不可改变的，无论他有什么计划，都会"流产"。此外，分析空间似乎更加"饱和"（我的任何评论或解释似乎都没有任何效果），因为 M 先生已经很久没有汇报任何梦了。

在我要汇报的那节分析之前，M 先生谈到了（以一种有点矛盾和讽刺的方式）病人对分析师所拥有的"难以置信的力量"，他们可以"谈论和思考任何东西"，而不管他们的分析师的心理状态和心理存在。

从移情的角度来看，我觉得 M 先生提出的这些问题是在用一种负性的方式来测试分析师接受病人投射的能力，这可能会让他想到分析师的接纳特质，既有母性又有女性的特质，这些让 M 先生既害怕又嫉妒。

我评论说，他担心他可以对我施加的"权力"和他之前提到的对一个混血女性朋友的支配/顺从幻想之间有平行关系。

我和 M 先生都知道，这些幻想的主要作用不仅仅是保护他不会因对这位女性朋友的柔情而受伤，他也害怕她会喜欢自己。

当他意识到，对他来说，他对我的态度和他对他的女性朋友的态度可能类似时，M 先生想到了一个事实：他经常会在分析开始前不久或分析结束后不久见她。他补充说，他在两次咨询之间从来没有想过分析，也没有想过我。

然后，我提醒他分析中经常被提到的一段童年记忆：当他还在上学时，每当他在课堂上画了画或做了手工作品，他都会在回家的路上把它们弄坏（我们对此做过分析：这是一个自动终止怀孕的幻想）。我评论说，正如那个时候他希望把他的学校（母性空间）和家（父性空间）两个空间分隔开来，这样它们就无法沟通，他似乎也是以同样的方式对待分析和（甚至是）我的。

听完这句话，M 先生沉默了几分钟。

就在分析结束前，他打破沉默说，他觉得有什么东西"阻碍"他告诉我一些内容。

在接下来几次的分析中，M 先生告诉我上次分析结束时（就是他觉得有什么东西"阻碍"他时）他陷入沉默的原因。在分析开始之前，他去见了这位女性朋友并和她发生了性关系。在性交之后，他意识到避孕套破了，他的第一个念头是有感染艾滋病的风险。他的伴侣，看起来不是很担心，尽力安抚他，但是，从那一刻开始，这个念头就一直折磨着他。

我认为，他的"阻碍"似乎是发生在：当我将他脑海中对待我的方式和他过去摧毁自己在学校所做作品的方式进行关联之后。

M先生同意了这一点，继续深入地跟我讨论他的孩童期，每当他的父亲表现的不是特别愿意接受他或者不在场时，他就会体验到一种强烈的悲伤。

尽管我和M先生已经讨论并试图修通破坏/流产这个主题，但是对我而言（尽管我在那一刻没有告诉他），多亏了之前提到的多种平行关系，我觉得这个主题还涉及了以下两种移情：

第一，他害怕他内心深处的两个愿望：他会喜欢我，我可能会表现得比他过去的父亲更接受他和更在场。

第二，或许更重要的是，他拒绝在我这里把自己放在女性的位置，这会让他产生欲望，害怕我的解释会让他"受孕"，所以害怕我把艾滋病传染给他。

在之后的分析中，M先生说他本来想继续我们之前讨论的问题，但在分析间隔期发生了一些让他"目瞪口呆的"事❶。

前一天，他的一位男性朋友很坦然地告诉了他，自己的母亲曾有过一段对她来说很重要的婚外情。朋友讨论自己母亲的情感和性生活的自然态度让M先生"目瞪口呆"。

我说："换句话说，一位母亲可以喜欢一个男人，可以在性方面比较主动？"

M先生回避他自己对母亲的联想；相反，他开始说露西（Lucy），即在坦桑尼亚发现的一只雌性古猿，他说："她是原始母亲，带大写字母A的非洲女人，人类的母亲。""非洲女人"让他联想到他的混血女性朋友和他在避孕套破了之后对感染艾滋病的恐惧。

我把这一点和他之前的联想做了关联："被艾滋病感染的恐惧（'目瞪口

---

❶ 法语单词 *Sida*（艾滋病，AIDS）和 *Sidere*（目瞪口呆，"amazed"）的发音很相似。

呆')或者是和他对作为'原始母亲'的女人的怀孕的恐惧相关?"

M先生回答说,还有一些他没有提及的事。避孕套事件之后,他的女性朋友开玩笑地说:"我希望你没有给我双胞胎。"他听了之后很高兴,为什么是双胞胎呢?M先生不知道,但这个念头让他很高兴,因为这样的话,他就比他爸爸更"厉害"了。

M先生的思绪又回到了露西,回到了她是人类"起源"的念头。

回顾一下前两次分析中的材料——"病人对分析师拥有的难以置信的力量"与对"原始(original)母亲"(他的非洲混血女性朋友——露西、移情中的我)的欲望和恐惧——M先生似乎尽力摆脱我会让他"受孕"的女性化愿望,以及他对我想让他"受孕"的女性化愿望的恐惧。我对这几点做了解释。

随后,M先生陷入了沉默。几分钟之后他打破沉默,说他确实一直在想:他的确感到有一种摧毁我的评论和解释的需要。我指出,他是在我刚刚的话之后做出了这样的回应……或许他此刻也正在摧毁那个评论。

M先生笑了,分析在那一刻结束。

在下一次分析中,M先生汇报了一个梦,他已经很久没有汇报过梦了。在梦里,他正在粘一个碎成两半的盘子。他联想到一个事实,在前一天晚上,他看了一个有趣的电视节目:推倒柏林墙(分裂的反转)。

精神分析治疗中的双性恋工作

从个人对他(她)客体(既有男性也有女性)的无意识认同历史来看,源于本能冲动的一切都或多或少与心理双性恋有关。分析工作可以让一些先前的认同浮现、发展和再性别化(re-sexualized),而这多亏了移情中的"再双性化"(re-bisexualized),其背后隐藏的是与过去客体的一种想象关系(Bokanowski,1998)。

其中的一种结果是，精神分析情境测试了性别身份、自恋和双性恋的具体属性。这要求我们研究本能驱力的经济学：一方面是心理性欲的不确定性的退行；另一方面是自我身份的再结构化和认同投注与反投注的更大灵活度。

由于精神分析固有的退行模式，治疗结果可能"解构"并揭示痛苦的自恋冲突，在这个过程中对客体的深仇大恨和无限眷恋均将显现。这些冲突与原始焦虑相结合，导致了病人对自己的身份感产生困惑，这反过来又会使得他/她身份认同模式中的生殖属性失去效用，使任何对心理性欲再加工的机会因此而变得渺茫。

而这要考验分析师认真倾听病人的能力。在病人去象征化策略的影响下，分析师的自我身份感和反移情处于非常艰难的位置。分析师可能会陷入一种困惑，他（她）对病人面临的与愿望相关的、复杂的问题没有任何感觉——或许，不再有任何与移情（自恋的、母性的、父性的）相关的想法，不知道自己是被视为一个男性化人物还是女性化人物（男人或女人），不知道在这每个角色中预示的是其中的男性化维度还是女性化维度？

面对移情情境——通常让人很伤脑筋，因为它们直击分析师的性别认同[他（她）的性现实]——分析师必须组织他（她）倾听病人言说的方式，同时还要以一种双性的复杂方式倾听。与此同时，分析师还必须在交互关系中概念化每个维度——男性化维度和女性化维度——的具体特征；只有这样，分析师才能体验到他（她）自己被同时表征为两种性别。

情况就是这样，如果男性分析师在倾听男病人时没有足够关注病人的双性恋移情模式（以及与分析师自己相关的双性恋反移情模式），分析工作就会在弗洛伊德（Freud，1937c：250）说的"对女性气质的拒绝"的"基岩"上搁浅；正如弗洛伊德指出的，治疗可能在负性治疗反应中到达顶点，或者更糟，变成无法终止的分析，这两者都证明分析治疗作为一个整体失败了。

弗洛伊德 1933 年双性假说的局限性：
在解释女人的创造性阻碍方面

芭芭拉·S. 罗卡❶（Barbara S. Rocah）

> 我在这里描述的女性本质仅限于由性功能决定的部分。这部分确实影响深远，但我们不能忽略一个事实，即一个女人从其他方面看也是一个真正的人。
>
> 《女性气质》（Freud，1933：135）

在关于女性气质的论文中，弗洛伊德通过概念化"一个女人是如何从一个双性恋的儿童发展起来的"来探讨"女性之谜"的话题（Freud，1933：116）。他的目的在于阐述一种普遍的双性恋冲突，这源于一个女孩对性别二元性的理解。虽然他很欣赏成年男女心理生活中这个巨大对立的模糊性，但是他的双性恋假说却模糊了女人在创造这种心理双性野心时的独特性，这些野心源自她们的身份认同和相关幻想。

在本章中，我将批判性地审视弗洛伊德是如何使用自己 1933 年的双性假说来解释女性的创造力阻碍的。弗洛伊德的理论认为，为了克服阉割焦虑在女性心理中的中心地位，她们创造性地放弃了对双性野心的婴儿式的固着。为了这个目标，她的"力比多占据了最后的位置"（Freud，1933：135），

---

❶ 芭芭拉·S. 罗卡：医学博士，是美国芝加哥精神分析学院的训练分析师、训练督导师和教员，芝加哥精神分析学院的前主席，高级精神分析研究中心的会员。

既保持了对母亲的压抑的、阳具的、前俄狄浦斯的野心，又（或）保持对父亲的俄狄浦斯式的情欲固着，这让升华在此无计可施。弗洛伊德把升华定义为：一个为了其他文化目标而交换性目标的必要过程。在他看来，女性的发展是由羞耻主导的，而羞耻"有其目的……掩盖其生殖器缺陷"（Freud，1933：132）。弗洛伊德断言，保持这种隐蔽性的必要性把女性局限于唯一的一项文化成就："即编织技术……大自然在人的成熟期会赋予人类毛发来遮掩生殖器，这似乎给女性的编织成就提供了可以模仿的样式。"（Freud，1933：132）

我将呈报一个案例来阐述创造性和双性恋幻想之间的关系，我分析的病人是一位女性，虽然她之前在艺术方面有所成就，但她的创造性受到了抑制，她的生活被想成为一位艺术家但又无法实现这一愿望的阴影所笼罩。和弗洛伊德不同的是，我并不认为她的双性恋幻想是为了抵消阉割焦虑在她心理生活中的中心地位。相反，我把她的双性恋幻想看作她的自体中的一些偏离的、必要的碎片，即*超越*性别的、完整的、鲜活的和有思想的那些属性。她使用创造潜能的行为模式，取决于她获得完整的觉察的能力，这种完整的觉察能力具备以下特质：获取关于她的身体、激情、个性和表达力的知识的能动性和自由，这些特质以前都被委托给双性恋幻想了。本章将从更广阔的视角来理解双性恋幻想的意义，不是去克服弗洛伊德所说的"被阉割的生殖器"，而是去克服她在童年期被强加的心理创伤：一个被阉割的、没有想法、没有主动性的心灵。

其他的精神分析师也以和弗洛伊德（Freud，1933）不同的方式来探索了创造性和双性恋之间的关系。米尔纳（Milner，1950）谈到了人们倾向于先关注差异，比如男性和女性，然后才觉得有必要把这两部分结合起来。"艺术不仅仅'是'和'可能是'之间的一种创造性融合，它也是一种创造性的方式，为内在的主体现实提供了一种可以共享的外在形式"（Milner，1950：132）。温尼科特（Winnicott，1971a）认为，当环境要求人顺从和适应，干涉了第一次的创造性行为即创造过渡性客体时，自我激励的行为就会受到挫败。基多通过临床观察发现，女性在寻求创造性时会受到阻碍，如果她们和自己的侵入性母亲存在共生性依恋，这类母亲要么是被动的、缺乏主动性的，要么为了她们母亲的幸福放弃了自我的肯定（Gedo，1989：69-70）。麦克杜格尔断言："创造性行为可以被理解为一种男性化和女性化元素在心理结构中的融合。"（McDougall，1993：75）这被无意识地体验为"盗窃了父母的性器官和生殖能力，这将阻碍创造力的发展"（McDougall，1993：77）。基多将艺术家对"秘密的分享者的需求概念化：创造性的伙伴关系，在这种关系中和他人［可以成为自己的另我自我（alter ego）］建立一种情感纽带"，这将在无意识中支持艺术家的心理整合、缓解了他们的孤独感，并和观众共享创造目标（Gedo，1996：22-23）。卡瓦勒·阿德勒（Kavaler-Adler）使用传记学数据来研究女作家的生活，对这些作家的创造性而言，她们对父亲的情感和关系不是认同，而是一种对恶魔/父亲/情人的成瘾性依恋，"它贯穿于女性创造性工作的整个过程，也防御了那些和母亲有关的前俄狄浦斯创伤"（Kavaler-Adler，2000：80）。

临床案例

> 诗歌应该有一个妈妈和一个爸爸……因为如果没有此类的结合，智力就会占据主导，而心灵的其他方面就会变得僵化、变得贫瘠。
> ——《一个人自己的房间》(*A Room of One's Own*)（Virginia Woolf，1929）

我的病人是一位中年已婚女人，有两个孩子。她出生在斯堪的纳维亚（半岛），曾在剑桥大学的国王学院和伦敦经济学院接受教育，结婚后移民美国，在促进全球卫生和社会保障政策的私人基金会担任咨询工作。她在事业上没有得到满足，在孩子们长大之后，前来寻求分析，来探究她在满足自己成为一个创造性艺术家的巨大抱负方面受阻的原因。

移情行动化

病人与我最初接触时，她仔细观察我，然后无情地评论我的每一个手势和语调的意义，以此来占据我的思想。她承认她对我的强迫性迷恋。她说："你在我的脑海里。"她无法停止想我。最终，我对她坚持不懈的爱的宣言做出了回应,我跟她说我无法在这种高压下工作,我们必须找到其他的方式来谈论她的经历。她立即克制住了自己,然后跟我汇报了一个"盖着塑料袋"的梦:一个活死人的梦,我听了之后比她还沮丧。好几年她一直处在"盖着塑料袋"的状态,比较难接近,很少流露情感,只有在治疗期间她才偶尔会因为沮丧而流泪。

她所表达的"爱"的强迫性特点激起了我的反移情,我暂时避开了她的要求所带来的压力。从她的角度来看,她通过反转的方式在我们的关系中让我们体验到她母亲那种侵入性的、控制性的爱,当她还是一个孩子的时候,这种爱囚禁了她,把她变成后来我们称为"玛丽教堂"(她母亲的名字)的信徒。她的入侵性还包括了对父亲的早期回忆。当她3岁的时候,他发现她正在浴室的水槽旁投入地玩水彩画。父亲非常生气,命令她立即停止玩耍。我为推开她的行为感到羞愧,很长一段时间,这件事一直被搁置一旁——这是一段未被探索的、无法理解的经历。

理解行动化

很多年之后,在她哀悼父亲去世的那段时间里,她回忆起青春期与父亲的一个共同爱好,就是和父亲一起画房子的设计图。这个活动似乎拉近了两个人在浴室事件之后产生的距离。让她印象深刻的是跟父亲一起玩"平行游戏"时所带来的平静和安宁。作为一个成年人,我的病人继续痴迷于画房子的设计图,而在情感上却和所有人保持隔离。现在,让人惊讶的是,她想邀请一些人来加入她的手工项目。与此同时,在她的脑海里,"她走出了房间",开始了漫长的沉默。

她的退缩和沉默让我陷入了沉思,我自己哼唱着一首童谣《玛菲特小姐》(*Little Miss Muffet*):玛菲特小姐,被身边坐着的蜘蛛吓跑了。我记得在开始时,我回应她的方式跟她记忆中那个强势的父亲回应她的方式是相似的,也把"她吓跑了"。我在想,她一开始是如何用这种互动的方式"把我吓跑的"。在我的遐想中,我推断,当她父亲阻碍了她愉快的自我陶醉时,她曾感到羞愧。在移情的过程中,通过对父亲的认同,她继续中断自己的联想过程,让自己无法产生思想。我猜想,她"走出房间"时我宁谧的遐想满足了她在移情中对我的渴望，渴望我坐在她旁边激活她和平静的、安详的父亲在一起玩"平行游戏"的快乐记忆。

随着时间的推移，我的推断慢慢传递出来，并带出了新的回忆。我的病人在童年中期就发现了自己的艺术才华，而且得到了认可。她去剑桥之后就不再画画了。她从来没有完全意识到自己对听从父母意愿的怨恨，现在回想起来，她意识到她的大学选择挫败了父母想让她成为艺术家的希望。

她早年对绘画的喜爱留下了一个持久的痕迹，那就是来分析的路上，她习惯使用照射在建筑上的晨光来绘画。我说："你用你艺术家的眼睛来看待事物，当我跟你一起看的时候，你的独特方式改变了我的体验。"她变得焦虑和混乱，觉得我作为一个人暴露在她面前了：一个能够对世界产生影响，可以积极地改变它而不是像镜子一样反映它的人。这让我们警惕到她想成为一位艺术家的愿望中蕴含着一种内在的危险：她害怕她的潜能会被看到，会改变她感知的事物，会主动影响她的世界（Milner，1950）。

我们从许多方面探究了她对承认自己主动意图的恐惧。也就是说，她的屏幕记忆可能发生过逆转。或许是她闯进了父亲的浴室，看见他在小便，他生气了，把她推开。这就可以理解为什么她一开始就侵入我。但是，我们对她"艺术家的眼睛"的移情发现使我们产生了这样一种印象：那种羞耻和焦虑，还有她对自己的世界的沉浸，促使她隐藏自己的意图。她认为作为一个孩子她不可以透露出她有"自己的思想"。

她记得在大学之前，她曾发誓："除非我父亲失明，否则我不会再画画。"他喜欢欣赏艺术品。她反思到，这是一种对父亲的恶毒的报复，因为他在她还是一个孩子的时候看见了自己"艺术家的眼睛"。在她对父亲的报复性罢免中——她把父亲弄"瞎"了——她也把自己弄"瞎"了。她不能使用自己"艺术家的眼睛"去创造或玩耍，她关闭了自己的想象力；在移情中，也关闭了对我的想象。

她抑制的第一公式："我会来，但是这里什么都不会发生"

我们的工作将转移到理解她和母亲的关系。我的病人一直在想，当她得知她的母亲放弃了自己很有前景的音乐职业，并且在怀上她之前有过多次流产的经历后，她觉得自己欠母亲一条命。此外，在她6个月大的时候，她的母亲就已经开始训练她上厕所了。遵从母亲的"细致到无孔不入的攻击"，这种攻击控制了她的身体，伴随的是终身便秘，因为她"不知道身体的信号"，只需等待事情发生即可。用类似的方式，她依赖她的丈夫来主动发起性亲密行为，她不需要知道自己的身体唤起模式而只用回应他即可。"母亲在我出生的时候已经放弃了音乐，她的音乐天赋已经传递给我了。但是母亲剥夺了我的内在能力和自主行动的能力。我不会实现母亲的抱负。我一直生活在我内在的幻想泡沫之中，母亲不能闯入。你一开始就是这样：你唤起了我的希望，我可以立于天地，有所成就，所以我讨厌你出现在我的脑海中，我要把你赶出去。"

我们发现，她的抑制还体现在另一个方面，在经历了母亲的创伤性侵入之后，她丧失了自己的能动性，不懂得自己身体发出的信号。针对这一点，她提出，她想要练习冥想来"清除头脑"中的混乱。她把我对她冥想意义的探索解读为拒绝她的申请："你想知道我想的内容来控制我。"她知道没有我的许可她也可以做冥想，但是她却不能做。她联想起青少年的时候，她有一次想光着脚走到城里，她的母亲告诉她这不得体，她不加抗议就放弃了。她说"我懂规则"。她谈到了"跳水板上的决定"（diving-board decisions）：你的想法已经付诸实践了，因为你已经走得太远，所以你无法回头了 。"在我们的暴风雨般的开始之后，我只能跟你待在一起，因为我们一旦开始我就无法改变主意了。如果我可以改变，我将展示我的独立思维和那些不被'玛丽教堂'许可的内容。我的决定是，我会来，但是这里什么都不会发生。"

抑制松动：探索"盖上塑料袋"的内容

尽管她发誓要在塑料袋底下报仇，很久之后，她还是开始上艺术课了。我们看到了她对任何形式的自发探索的抑制，当她被分配到抽象但离散的任务时，她无法进行创造性的工作。下面的梦把她压抑的激情和抑制关联起来：

我在一个商店跟一个女售货员买东西。我把红色的钱包放在柜台上，付钱，离开。然后，我走在一条路上，它好像连接着一个山洞。我看看我旁边的座位，发现我的钱包不在那里。我折回，找到了我的钱包，但里面已经分文全无。

她的联想是，钱包代表了她的思想，她已经清空了自己的防御和恶意，这些也是盖着塑料布的。她继续透露，在我们初始工作的暴风雨中，她已经失去了内心的激情，在我对冥想做出回应之后，同样的激情丧失也发生了。她开始称我为"火焰守护者"：我可以先替她保管她的激情和能动性，等她有一天以自己的方式收回。

双性幻想：男/女娃娃

她对激情和能动性的最早记忆与童年期的一个雌雄同体的娃娃有关，她把它称为"男生/女生"。这个娃娃是她在学步期收到的，当时她还是一个自信而独立的"假小子"。在她月经初潮后，她扔掉了这个娃娃，变成了一位端庄、拘谨、聪明和有魅力的年轻女士。她幻想，如果她能够恢复自己身上的"男生/女生"，她会变得好斗、自信和好胜。

在分析的过程中，她心理双性恋的具体表征在发展过程中也被赋予了多重含义。"男生/女生"转化成了父亲的"最佳男孩伙伴"，也是她俄狄浦斯情结解除的一个方面。她渴望父亲，但被父亲仅仅向母亲顺从的臣服所挫败，于是她就陪着父亲满足他偶尔出现的"古怪癖好"，和他一起绘制建筑图纸——这项活动是母亲所忽视的。她相信，做他的"伙伴"可以拉近他们之间的心理距离。在大学的时候，她幻想她可以用娘家的姓来作画，这样父亲的血统就可以保持完整。她一边内疚着，一边暗暗地相信自己是一个"全才"，可以自发地生产许多鲜活的绘画/婴儿，这样就撤销了她的父母。在分析中，她重构了一个部分，她的母亲在吐露"我很能干，我很忙，但是我已经没有了生活的激情"之后，就开始在女儿身上拼命寻找和创造激情。她不能实现她的"全才"幻想，于是她安慰自己：她的天分是"与生俱来的、完整的、等待被使用的"。

"男生/女生"也是她后来全能性自给自足的早期先驱。在青春期后期，她设计了"龙女"——一款中性的衣服，穿着它去参加大学舞会，把她幻想中的"全才"塑造成魅力四射、刀枪不入的形象。作为"龙女"，她不受性欲望的干扰，她想："如果我是单性别的，就会跟男人或女人产生性张力，这会干扰我自己的完整性。"

"男生/女生"的第三个版本跟她渴望成为"女神"（mythic women）有关：她在童年期把这些女人理想化了，她要长成她们那样，有自由的思想、性感、有野心、争强好胜。这些女人和她的母亲有天壤之别，她母亲生活在一个迷人但"高雅的空虚"之中。她承认，当她遇见我时，她已经"爱上了我"，但我的后退让她失望，因为在她看来，我是一个女神：在事业上自信、安全，办公室布置得很有品位。她相信，如果她和"男生/女生"充分接触，她愿意冒险去获得成就，而不用躲在塑料袋下面去掩盖对母亲——包括移情中的我——的嫉妒和（或）竞争。

她开始明白，母亲放弃早年的音乐家生涯，一心只想怀孕，这对她有重大意义。在联想到"漂浮但被巨大的橡皮筋拴住"的梦境中，她想起了在去剑桥读书之前，她独自一人去了她家在山上的小木屋。当父母把她留在那里时，她吓得睡不着觉。黎明时分，她仰望着高耸入云的树木，试图画出她看到的景象。她"艺术家的眼睛"失灵了。当她回家后，她有一种想要自杀的感觉，她感到羞愧。她再也没有画画。我们一起重构了她无意识的内疚，与此相关联的是，她幻想自己可以施展才华，创造出多个绘画/婴儿，而不是像她母亲那样牺牲自己的抱负，这些导致了她的放弃和自我否定："我会长大，但什么也不会发生。"

寻找一个"多产的"头脑

当我们把"男生/女生"看作是弗吉尼娅·伍尔夫（Virginia Woof, 1929）所说的"多产的"头脑时，我的病人体验到某种程度的自由。她说，在她母亲的身体日渐衰弱的时候，她做了一个梦：

我穿了一件很漂亮的民族衬裙，女人味十足，像花一样绽放。

在她的联想中，想要很漂亮的女性物品很危险，因为这会让她觉得"充满生命力",和她的死气沉沉、疲惫不堪的母亲形成鲜明对照。我问她女人在这个梦里代表了什么。她说:"女人代表了情绪、女性化,就像裙子一样。我需要接近我的情绪。母亲强调控制情绪,就像她控制我的粪便一样。"对我的病人而言,"男生/女生"的本质区别不在于性别,相反,它的本质区别是,要么活着,"一身裙装",像夏花般绚烂;要么窒息在塑料袋里,像父亲那样死在母亲的束缚里。我们现在明白了,她在分析中的死气沉沉是对重新经历的创伤的一种反应,要适应而不是要活着。死气沉沉也是压抑自己对父亲的俄狄浦斯渴望的结果,为了补偿母亲为她所放弃的东西。

从隐藏中走出来

当她目睹了母亲的健康日况渐下时,她宣布退休了,她决定"从隐藏中走出来"。她决定退休以实现自己做一个全职画家的梦想。在梦中像花儿一样绽放的裙子遮住了她的身体,也隐藏了她对计划中的结肠镜检查的担忧。结肠镜检查激起了人们的恐惧,人们担心会再次被复活的父母渗透,并失去自己对排泄物的控制。她又一次体验了与希望自己完好无损的愿望相关的焦虑,在分析中她暂时解离了。

我们进一步探讨了她对身心完整性(intactness)的担忧。完整性意味着她能够全神贯注于自己的意图。这种能力会把她从对母亲的内化承诺中分离出来,也把她从"移情中的我"中分离出来。然而,这是她第一次承认她仍然需要我的支持,即使她是完整的,全然沉浸在自己的意图中。

我的病人反思到,每一次拒绝自己意图的行为都会让她更接近"玛丽教堂"的圣徒身份。每一次的拒绝都让她免于因自己的雄心壮志而感到羞耻,因为她的雄心壮志干扰了她要去修复母亲生活的要求,而母亲为了她牺牲了自己早期的雄心壮志。每一次声称自己无所不能、自给自足,都使她免于被别人接管。每一次象征性地拒绝脱下凉鞋都让她远离自己的欲望,远离一个多产和未冻结的心灵。她解释说:"在理想和想象力之间有一条微妙的界限。我害怕违反规则,那样的话我会发疯,感觉就像待在小房子里面一样。"通过这样的方式,她意识到她依恋她的母亲就像她的母亲依恋她一样,母亲是那些情感管理、传统和理性的声音,这让她保持理智。

分析工作不断诱惑她进入自己的内心世界，让她摆脱那个被内化的母亲的控制。她拒绝自己的想法、欲望和雄心，让自己生活在一种套在塑料袋里的危险之中，在这种生活中，她会强迫自己满足于幻想，在孤独中死去。在情感上，她意识到，为了弥补母亲的损失而坚持自己的目标，这激起了她的矛盾心理和无意识的内疚，因为她希望"杀死房子里的天使"（Woolf，1929），让父亲"看不见"她在绘画中表现的激情。很长一段时间，她都在愿望、行动和追求自己意图的焦虑之间摇摆不定。

重寻"男生/女生"

最后，她决定去冥想，尽管她很确定我会不同意。她进来了，说她"违反了规定"。她汇报了一个不寻常的梦：

你办公室的沙发上有一个女人，你和我坐在沙发旁边，看着她。那个女人身上有一个巨大的像阳具一样的东西。这个巨大的阳具正在强奸这个女人，她看起来不害怕——事实上，她看起来很自由。你什么也没说。你只是看着，让它发生。我问那个女人："需要帮忙吗？"她说："不需要。"在强奸完成后，阳具缩小了，那个女人睡着了。

我的病人觉得冥想解放了她，让她"违反了规则"。她评论说："你让强奸发生了。"我说："你似乎在梦里重新找到了'男生/女生'。在你的梦里，你呈现了作为女孩的你——被插入却又得意扬扬；还有作为男孩的你——在你的屏幕记忆中，你的父亲就像男性生殖器一样强大。"我的病人说："这两个方面在梦里是分裂的，但都属于我。开始阳具既大又有力，然后变得又小又软弱。我把自己的才能控制到很小，这样才不会伤害到任何人。我不使用它，也不展示它。但我知道它就在那里，很脆弱，没人看得见。你知道它就在那里，也许你认为它很大。你坐视不管，让事情发生。这对我来说是一种安慰。你没有惊慌，你不是一个担心的母亲。"

她的阳具意象是戏剧性的。你当然可以把这个梦解释为一个实现愿望的幻觉，找到一个隐藏的受精的阳具，或者是一个施受虐的原始场景，在这个场景中，她把她的父亲描绘成一个强奸的阳具，她陶醉其中并驯服了它。我推断，在这个梦里，她把自己的才能表现为一个自恋的完整的"男生/女生"。过去，她曾与父亲竞争她的才能，而父亲对她是如此重要，她愿意为了迁就父亲放弃自己的表现力。在梦里，她感觉到自由、胜利，当阳具变小时她没有感觉被强奸。我解释说，她在浴室场景中投射在父亲身上的力量，在梦中被她收回了。我觉得，她的梦是外在的阳具力量与恢复内在的心灵属性的想象力的结合。在她的梦里，我既不害怕，也不抑制。我没有重复我们开始时的创伤，也没有禁止，而是让她"着裙装的心灵"绽放花朵。

修通洞见

一个关键的移情之梦帮助我们进一步思考，她在追求自己的艺术梦想和不摧毁别人的企图之间的摇摆不定。

有一场风暴、一场浪潮，你和我在一起。我们躲进了一个安全的山洞，里面摆满了金色的木制家具和艺术品。其中一件家具是一张三角凳，旁边是一张像你办公室里这样的桌子。

她认为，梦中的山洞代表了我们的精神分析工作。山洞里摆满了手工制品，这代表了她为了接近我同时又不用害怕我控制她的思想的新尝试。她若有所思地说："我不能只在脑海中与激情保持联系，我需要另一个真实的人来体验爱和恨，既渴望拥有又想推开。你一直是那个人。我已经了解了我们之间有什么相同，有什么不同。我在梦中创造了你桌子旁边的那个三角凳（stool）。我的母亲干涉了我把'我的便便'（stool）交给这个世界，干涉我从这个世界获得一些我可以使用的东西。相反，她因为自己的恐惧接管了我的便便。凳子的每一条腿都代表了我在父母那里埋藏下来的东西，即好斗之心、好胜之心和雄心壮志。你和我一起，去寻觅让我死气沉沉的真相之谜。长久以来，我坚持自给自足。我不能理解你说的任何东西。现在，我很好奇我是否还能坚持我原来的方式。"这是一个漫长终结阶段的开始，也是

她创造性发挥的一个开端。

讨论

女人的创造性贫瘠和双性固着

弗洛伊德（Freud，1910a [1909]：53-54）认为，艺术活动不直接使用本能力量，而是利用升华把本能目标转化成了创造性和科学工作。弗洛伊德（Freud，1933）认为，一个天才儿童会因为她的"双性恋倾向"而注定陷入本能冲突，从而干扰性驱力的可塑性和性目标的升华，他的观点正确吗？还有一个更宽泛的问题是弗洛伊德关于创造性依赖于本能变迁的论断，碍于篇幅，我无法在此展开讨论。

我的病人，在她早期快乐地研究绘画的过程中，已经把她身体的一个禁忌知识升华成一种新的研究途径，以克服她早期严格的如厕训练的影响。作为一个孩子，她在遵守父母的要求和保护自己濒危的自我想法之间挣扎，她的经验证明通过升华来逃避强加束缚的努力是得不到环境支持的，这导致她压抑了自己的创造力需要。她觉得母亲干涉了她把便便自由地交给这个世界，干涉了她从外界获得一些可以使用的东西。相反，母亲因为恐惧接管了她。她受到了限制，因为她为使用"艺术家的眼睛"来看、来改变她理解的东西、通过付诸行动影响她的世界而感到羞耻。正如弗洛伊德所描述的，羞耻和羞辱是她发展中的主导情感。正如我所证明的，羞耻的起源并不是关于"被阉割的生殖器"，而是一种被强加的需要，即必须有一个没有意图、没有主动性、没有欲望的"被阉割的心灵"。

是什么导致了她的创造性抑制？

这位女性的创造性抑制（creative inhibition）是一种创伤后的继发反应，而不是天生的双性体质的发展变迁。最初的创伤主要是母亲坚持要控制女儿的身体和思想，而不是支持她的能动性。作为一个孩子，她了解到她必须保持被动、发展出像便秘这种身体失用症（somatic apraxias），并需要以放弃自己愿望的代价来保持对他人的关心（Gedo，1988，1989）。她童年期的解决方案是"生活在母亲无法干涉的幻想泡沫中"，在分析中的表现是很长一段时间生活在"塑料袋里"。她屈从于母亲的"细致到无孔不入的攻击"，这种攻击性来自于她无意识的前俄狄浦斯期的内疚，这迫使她有义务向母亲提供"活力"以弥补母亲的丧失；俄狄浦斯期的内疚让她觉得有义务去回避曾经属于母亲的创造性领域。在早期的移情重复中，她向我臣服是因为她无法"打破规则"，并向我证明她可以重新考虑她开始分析的承诺。

其次，在她父亲"偷走她的激情之火"的浴室场景之后，她对父亲未能支持她规避母亲的压制性侵入而感到幻灭。她青春期的誓言是："除非我父亲失明，否则我不会再画画。"她愤怒地表示，她的父亲也"被盖在塑料袋里了"，他和母亲太融合了，以至于无法独立，无法传递她的激情之火。她牺牲了自己的艺术创作，一方面出于内疚，另一方面也有她的报复愿望，她要剥夺父亲的视力，让他不能从她的艺术创作中看出她需要他支持的伪装性表达，这在俄狄浦斯式的渴望中被性欲化了。在移情中，她吐露说，在我们暴风雨般的分析开始之初，她的脑海中没有激情，当我探索她的冥想时，她已经把激情移交给我了。在一种矛盾的父性移情中，她把我称为"火焰的守护者"：既表达了对我想控制她的火焰的愤怒，又希望我能保护她的激情和能动性，直到她能以自己的方式收回（Tessman，1989）。

父亲在她的创造能力中扮演了什么角色？

要成为一个艺术家，她必须触及自己的激情，而这部分和父亲复杂地关联在一起。她在浴室场景之后对父亲的幻灭是否也起到了一种防御作用，掩盖了一个基本的事实："没有一个强大的男性来滋养我的思想，我就什么都不是？"（Kavaler-Adler，2000；McDougall，1993）她的"巨大的阳具"的梦似乎触及了这个问题：她把父亲表征为一个全能的强奸阳具，她为之陶醉并战胜了它。在她的分析中，我把这个巨大的阳具解释为她所否认的力量的外化，它被投射和分裂给父亲的这个迫害形象之上，因为在"原初的"浴室场景中，这个父亲坚持要求她臣服而不是允许她自由地探索。在梦中，权力以一种幻想合并的方式回归到她手中——她巨大和隐藏的天分——保护她免受母性移情的威胁："我违反了规则。"在这些综合的幻想中，她重新获得了她投射出去的力量，这让她成为一个全面的"秘密分享者"（Gedo，1996），有助于她发展自己的创造性。这个梦境中的暴力行为以戏剧化的方式体现了她的诸多想法：她可以借助理想化的自我决定来反抗母亲，反抗她对欲望生活的不接纳和对与父亲进行有意义的交流的不许可，还反抗她的诸多规定，就像在移情中反抗她体验到的我对冥想的规定。此外，她觉得自己是雌雄双体的，这种自体感让她充满了能量，让她可以创造生成自己的艺术作品/孩子（McDougall，1995b）。

她的双性幻想对创造性的重要意义是什么？

我对这个病人的分析工作揭示了她的双性幻想的适应能力。分析工作表明，她不断发展的男生/女生幻想带有一些偏离轨道的、自我决定的情感和动机碎片，这些属性是维持她完整的觉察和创造性表达所必需的。从一个自信的学步期儿童，到像个最佳的男孩玩伴一样陪父亲时不时地玩些古怪的游戏，或者当他偶尔摆脱她的母亲的束缚跟她一起画一些建筑图纸时，在这些活动中，她都在试图找回她在浴室场景中丢失的主动性和专注力。在她的雌雄同体的"龙女"幻想中，她觉得自己坚不可摧、自给自足、无情无欲。作为一个"全才"，她保持了自己的好胜之心，不需要对父母的承诺负责。从"女神"身上她发现了性感、有野心、有自由思想的女人，她们不害怕去追求自己想要的东西。当我们开始的时候，她对我作为一个神话般的女人的幻想破灭了，但在"阳具之梦"中，我让场景打开，她很确定我是自信的、安全的，可以让她变得多产和有创造力。

对我的病人来说，"男生/女生"的本质区别不是关于男性化或女性化的特质。从她与父母的个人经历中衍生出来的一个鲜明的对比是：是该活着，"一身裙装，像花一样绽放"，无需对母亲做出那些不理性的承诺；或是死去，盖着塑料袋，认同与母亲融合在一起的父亲。

结论：这位女性的创造性所需要的条件是什么？

在分析的过程中，我的病人能够发展到使用自己的创造潜能，这依赖于她获得了一个完整的、鲜活的自体的能力，这个自体拥有了一些双性幻想所包含的特征：获取关于自己的身体、自己的激情、自己的个性和自己的表达力的知识的能动性和自由。和她进入创造性工作同等重要的是，移情中的那些促进成长的新体验，让她允许自己和情绪有一个联结，把我体验为一个"秘密分享者"。基多说："只有当分析师的意识和无意识态度与一个共享的创造性目标一致时，被分析者才会把治疗师体验为一个秘密分享者（创造性努力的催化剂）。"（Gedo，1996：23）当她体验到我是一个与她不同的人，当她承认她需要我破译她压抑的秘密时，她最终接受了作为一种催化剂的我。她意识到，她一直在抵御对我的依赖，以为她会永远需要我，就像她默默地需要她母亲一样：一个提醒她保持清醒、管控情感的理智的声音。作为一种对这种成瘾依赖的替代，她可以通过探索"她死气沉沉的真相"，来理解她的创造力既需要依恋又需要孤独，是孤独而不是孤立（Winnicott，1971a），她可以思考自己是一个独立的存在。这样，我就成为了一个可以和她有情感互动的人，而不仅仅是靠她的幻想去想象这种互动。最后，我成了一个可以让她离开，可以让她发起行动，比如计划终结分析的人。

在我看来，她的创造性不是她双性野心的升华。相反，她的创造能力取决于她能接触那些浓缩在双性幻想中的特质。在这方面，重要的是她重新获得了那些投射出去的力量，她在巨大的阳具之梦中把它戏剧化了。对分析工作而言，一方面要去修通过去创伤经历在移情中的重复，同时也要处理那些在移情中获取的成长经验，这么做的意义在于允许她去接触自己的原创性。

对女性气质的拒绝之谜：女性化维度的丑闻

杰奎琳·谢弗❶（Jacqueline Schaeffer）

按照弗洛伊德的说法，"对女性气质的拒绝是伟大的性别之谜的一部分"（Freud，1937c：252）。这是"基岩"，是终结所有治疗活动的终极绊脚石。

首先，我想给"女性化"下个定义。我给的定义——我使用"男性化"这个词的方式也是如此——与性别无关。性别不是一个精神分析的概念，因为任何分析的目的不是去接受其所是的样子，而是将之置于自恋或客体关系投注或认同的视角进行考量。因此，我在概念上将女性维度定义为一种关于特定差异的元素，这种差异必然是被建构的，也是两性所有差异中的范式性差异。

因此，我将不讨论与男性维度相分离的那些女性维度。

我对这个词的使用也不同于以往的术语，如性欲的"原始女性维度"（André，1995）、"原初女性维度"（Guignard，1997）或"纯粹女性元素"（Winnicott，1971b：76）。这些术语都指向一种"原初的"因素，就其本身而言，这种因素和个体身上出现的两性（男-女）差异没有关系，它指的是一个与母亲的母性认同或女性性欲认同的阶段。我在这里使用"女性化"是为了测试"他者性"，这是两性差异的一个部分。我把女性化领域和女性气质区分开来，女性化是内在的、看不见的；而女性气质是看得见的、

---

❶ 杰奎琳·谢弗：巴黎精神分析协会的成员和训练分析师，巴黎精神分析学院的成人精神分析和心理剧的训练分析师，是圣安妮精神病医院儿童和青少年精神分析的前训练分析师（1994～2006年）。她在1987年荣获了莫里斯·布维奖（Maurice Bouvet Prize）。

与阳具维度紧密相连的，它涉及幻觉和伪装，是对男人和女人的阉割焦虑的一种安抚。

为什么引入女性化维度？

当弗洛伊德在他的精神分析工作中遇到一些困难和失败时，他谈到了一个"基岩"，即"对女性气质的拒绝"，它形成了一个绊脚石。它是在代表了死亡驱力的"卡律布迪斯大旋涡"（Charybdis）之后出现的"锡拉岩礁"（Scylla）（卡律布迪斯，希腊神话中的女海妖，她每天三次吞吐海水形成一个巨大的旋涡，吞噬经过的船只，因而这个大旋涡也称为卡律布迪斯大旋涡；锡拉，是希腊神话中的女妖，居住在一个岩礁石上，会吞噬过往的水手，因而这片岩礁也称为锡拉岩礁。卡律布迪斯大旋涡和锡拉岩礁中间形成一条狭窄的通道，十分凶险，因而在英语的习惯中，前有卡律布迪斯大旋涡，后有锡拉岩礁，意为"进退两难"——译者注）。在我看来，这是弗洛伊德重新修改自己理论的一种方式：他重新引入性欲元素、重新把曾经剔除出去的死亡驱力和性欲驱力组合在一起，因而他也承认了性欲驱力是有破坏性的，就像死亡驱力一样。

那么，为什么是女性化维度呢？

为了回答这个问题，我先来审视我在《对女性气质的拒绝》（Schaeffer，1997）一书中提出的几个假设。

女性化维度和两性差异

第一种假设认为，这个著名的"基岩"是对两性差异中看似最奇特的特征的拒绝，这一特征很难用肛门或阳具来表达，即：女性的性器官。

弗洛伊德在描述心理性欲的发展时使用了三组配对：肛欲施虐期的主动性/被动性；性器期普遍拥有的阳具/被阉割的阳具；青春期也就是生殖器期的男性化/女性化。

主动性/被动性的配对表示了两个相反的极性，而阳具/被阉割的阳具的配对以全或无的方式发挥作用，只有男性化/女性化的配对代表了真正的差异：两性之间的差异。

也就是说，弗洛伊德表达这些观点的方式，确实倾向于表明，"生殖器"因素要摆脱前生殖器期那些前身的影响是多么困难。露·安德烈·莎乐美（Lou Andreas Salomé）说过，阴道是从直肠"租借的"，这种理解被弗洛伊德所采用（Freud，1917c：133）。阳具被视为"粪棒"（faecal stick）。女性性器官的定义是和男性性器官相对的，是它的附属品：阴道的价值在于它是阳具的住所。弗洛伊德把性交中的女性一方称为"阳具的附属品"（Freud，1917c：129）。

然而，在定义了两性差异的重要性之后，弗洛伊德继续提出质疑。在1937年，他提出了第四个配对：双性恋/对（两性身上的）女性气质的拒绝。他没有描述这一元素的任何前身，而认为它具有生物学的起源——这是弗洛伊德常用的规避问题的方式：将其视为预设的。

有趣的是，这个新配对——以及构成这种配对的每一种极性——都跟对两性差异的否认相关。

▶ 对女性气质的拒绝（我称为拒绝女性化维度），就是对那些几乎无法用肛门或阳具逻辑来表达的东西的拒绝：一个看不见的、秘密的、奇怪的、富有各种危险的幻想的女性性器官。这让男人感到不安，不仅仅因为这给他们传递了一个自己性器官被阉割之后的画面，所以他们对自己的性器官变得焦虑，而且，最重要的是，女性身体的开放性、对性快乐的追求，以及可以接受大量的持续的力比多刺激的能力，这些才是他们焦虑的来源。

▶ 此外，尽管心理上的双性恋在身份认同方面起着组织作用——尤其是在俄狄浦斯冲突的交叉认同中——双性恋的幻想，就像双性恋的付诸行动一样，也是一种对性别差异投注和加工的防御方式。

因此，似乎获得了两性之间的差异并不能保证稳定性或安全感；弗洛伊

德称为"基岩"的东西很可能就是两性之间的差异。

我认为,正是"女性化领域的工作"——无论是男人还是女人——确保了两性之间的差异能够被触及,并使得这种差异得以保留,不管它可能会变成怎样的冲突。尽管如此,它对建立性别心理认同的贡献仍然是不稳定的,因为它需要持续的后续工作,它还总是受到退行的威胁,要么退回到主动性/被动性的对立,要么退回到阳具/被阉割阳具的对立,当自我面临着持续的性驱力时,这两种对立都为"需要做点什么工作"的自我起到了些许缓解作用。

西蒙娜·德·波伏娃写道:"女人不是天生的,而是后天形成的。"(Simone de Beauvoir,1949)我想说,在生殖器的层面上,女性化维度,就像它的对立面男性化一样,不是说一到青春期就自然出现了,弗洛伊德曾经这么认为,而且还觉得由此性交就开始了;它必须要经过反复锤炼,因为它和持续不断的性欲相互关联。就心理器官而言,无论是生理上的变化,还是青春期经历的性兴奋,都无法处理两性差异。人必须等待,就像女人一样,等待"带来狂喜快感的情人"(lover-for-ecstatic-pleasure)的到来,然后生殖器的女性化维度才能从女人的身体中挣脱出来。到那个时候,女人才会真正体验到性别分化,创造出女性化维度,并在最后将性欲驱力的持续冲突内摄到自我之中。

女性化领域和驱力的巨大能量

另一个假设是,总是以矛盾的方式来定义性欲驱力的态度本身属于女性化维度——这些驱力既可以滋养人的心灵,又源于心灵并在其中不断迸发。

我在这里使用的弗洛伊德的理论是和驱力相关的,即后来造成自我防御的力比多和冲突理论。这里涉及一个轨迹:一个不可避免的内部兴奋,它源于身体,指向满足的目标,当它变成一种驱力时,则呈现在心理层面。"在从源头到目的地的路途上,驱力在心理上发挥作用"(Freud,1933a:96)。如果这种兴奋无法成功地被心理化为一种驱力,或者如果驱力退化到兴奋状态，那么就可能出现我们所说的"心身"障碍、病理性成瘾、病态行为、彻底僵化等。

性驱力——力比多——有一个基本谓语：持续推动，这让它们具有真正的独特性。这个推力起源于周期性的性本能冲动，同时又与之对立。弗洛伊德写道："本能（*Trieb*）是一种作用于心理的刺激。它从来不是一种只会带来短暂影响的力量，而总是作为一种恒定的力量来发挥作用的。"（Freud，1915c：118）1933年，他补充道："它是一种恒定的作用力量，主体无法逃离……它的名字就取自这种压迫性的力量——本能（*Trieb*）。"（Freud，1933a：96）

雅克·拉康（Jacques Lacan，1964）也强调这一点，他写到，这种推力的恒定特质暗示了，我们不能仅仅把驱力看作一种生物学功能，因为后者是有周期规律的。驱力不会周期性起伏，它们是一种恒量。

正是因为驱力不断施加压力，而自我本质上确是周期性的、暂时的，按照弗洛伊德的观点（Freud，1915c：122），因而就有了一种"需要对心理进行工作的需求"。通过这样的方式，自我从本我中分化出来，纯粹的兴奋变成了驱力取向，人类的生殖性远离了动物身上的性欲，动物是只要发情（oestrus）就可以了，人类的生殖性转化成了带有恒压的心理性欲：这是人类的一个本质特征。

性驱力的恒定推力到达自我的信号是我们体验到了焦虑。自我不是"自己家里的主人"。自我被力比多淹没，并把它体验成一个内部的异物。从生命的开端，自我就受制于焦虑，因为它在这件事上没有选择：冲破自我之物实际上也是滋养自我之物。

和一些可以通过特殊行动或其他方式获得满足的需求不同，力比多，就其本质而言，是永远无法通过那种方式获得满足的。正如弗洛伊德所说，我们"必须考虑可能性，性本能自身的一些特质是不利于完全满足的实现的"（1912d：188-189）。要靠自我来决定，是要通过爱的客体还是通过升华的方式来满足它。

力比多的持续推力定义了人的欲望。倘如驱力曾被完全满足，那么力比多怎会仍咄咄逼人，何物又能变成欲望呢？

正是因为弗洛伊德很难从力比多不可避免的恒定压力角度来理论化女性的性欲维度，他才产生了所谓的"对女性气质的拒绝"这一概念，这成了无法超越的了；它的主要特征是阴茎嫉羡和对同性恋式的被动性的拒绝。

大量的、不受束缚的兴奋被允许进入自我，而没有引起任何创伤性的闯入或彻底的瘫痪——换句话说，这是一种滋养性的突破，而弗洛伊德未对这个部分做出理论阐述。在这个点上，大量的力比多被内摄进来，而它实现的方式之一是通过女性的生殖性力比多。这里，我们也发现了"关于女性领域的焦虑"。弗洛伊德的焦虑理论对理解这个女性化维度起不到什么作用。

然而，一向具有极强直觉的弗洛伊德在 1899 年 11 月 5 号写给弗里斯（Fliess）的一封信中说："我对如何处理＋＋＋女性的那一面一点想法也没有，这让我对整个事情都产生了怀疑。"（Massson，1985：381-382）

女性化领域和生殖维度

第三个假设是，在使用"基岩"这个术语时，弗洛伊德给性欲赋予了一种悲观主义的色彩；尽管没有说得那么明显，他那时想到了阳痿——性欲方面的阳痿和想去做一些事情却做不成的分析师的阳痿。

对弗洛伊德而言，女人还沉迷在她们的阴茎嫉羡中——当然，在某种程度上这个前提也不是错误的——男人则沉浸在自己会被插入的同性恋焦虑中。我认为，在这两种情况中，我们面临的都是一种前生殖器期的防御，来对抗生殖器插入的焦虑——一个阴道必须等着被插入，或者必须被一个有欲望的阳具插入。两性之间的差异必然涉及两者之间的关系。

毫无疑问，情欲的女性维度和提供狂喜快感的性关系是最受压抑的和"禁忌"的表征，甚至对精神分析师而言也是如此，尽管他们很乐于接受婴儿的看似可耻的性行为。

> 尽管有很多精神分析著作描写了与婴儿性行为或性冲动相关的内容，但很少有人描写这些婴儿期的因素对成年人的性交行为和他们在性行为中所扮演的角色到底产生了什么样的影响。只要后者不脱离心理生活的其他部分，它同样揭示了心理生活的本质和基本特征。（Roussillon，2008）

1915年，弗洛伊德自己写道："性爱无疑是生活中最重要的事情之一，在享受爱情的过程中，心理满足和身体满足的结合是其巅峰之一……只靠科学太薄弱了，无法容纳它。"（Freud，1915a［1914］：169-170）

正是性交和它带来的狂喜，共同创造了情欲生殖器的女性化维度，这是所有女人身上的女性领域中最有成就感的一面，也是所有男人身上的男性化维度中最有成就感的一面。

如果有一种方式可以让这种持续的推力进入自我，这种方式又可以被感知得到、被发展出来，并且并体验为一种提升，那么它无疑就是性交了，它可以带来那种享受。成人的女性化维度和男性化维度的共同创造，连同性快乐，均参与了那些质变的体验，这些体验会重组心理经济学，用情感表征来丰富自我。

受虐倾向之谜

所以，弗洛伊德把"女性气质之谜"和"自我的神秘的受虐倾向"（Freud，1920g：14）之谜相提并论并非巧合。

说到母亲对女儿的传递，我想到了《睡美人》（*The Sleeping Beauty*）这一童话。母亲，作为阉割的预告者，对雄赳赳气昂昂往前冲的带阴茎的儿子说："当心，不然你会惹麻烦的！"对小女孩，她会说："等着，总有一天，你的王子会来的！"足够好的母亲因此也是女孩等候期望的预告者。

这种传递中包含了，要把小女孩本质上是欲源区的阴道放置在一个安全的地方，置于对阴道的原始压抑的母性柔毯之下（Braunschweig & Fain,

1975);终有一天,她的情人会到来,唤醒它,揭示它。然后她的身体会发展出各种情欲化能力。

然而,等待是一种痛苦的兴奋;投注它会导致组织细胞核(organizing nucleus)的出现,我们将它称为原初的性受虐倾向(primary erotogenic masochism)。受虐倾向的原初形式制造了一种充满了痛苦张力的情欲投注,给从本质上不可能获得满足的驱力的"不满足"提供了支持,它构成了一个固着点和一个避免致命的瓦解发生的缓冲区。

情欲兴奋、对自我的暴力与间歇性丧失原初母性客体的痛苦,这两者的关联意味着性欲望必然暗含了极乐和痛苦彼此投注的关系;愿望的幻觉性满足和等候实际的满足,这两者之间的鸿沟被烙上了原初性受虐倾向的印记。

当受虐倾向转向父亲时,它暗示了,女孩的性欲身体即将经历的一切都可以被预计成跟男人的阳具相关了,来自于它,归因于它。客体的变化把原初的性受虐倾向——一个区别于母性身体的必要因素——转化成了次生的性受虐倾向(secondary erotogenic masochism),这会让女孩想要被父亲的阳具插入。与俄狄浦斯的欲望相关的内疚意味着,一个小女孩在用退行的方式来表达它,用"一个正在挨打的小孩"的幻想来表达。(Freud, 1919e)

弗洛伊德没有否认自我之伤,也没有否认性欲之伤。他从阉割焦虑和阉割情结的观点出发,将诸如女性性器官被阉割的幻想、偏见带来的感受、阴茎嫉羡、阉割所造成的伤害等事件均理论化。然而,他不认为受虐倾向是性关系体验和由此获得的性快乐的一部分。

我自己认为存在一种女性的性受虐倾向,它是生殖性女性领域的一部分。

女性的性受虐倾向

我在谈女性化维度时会尽量避免那些可能让人联想到"被阉割"或"孩

子气"的概念。在我看来，女性的性受虐倾向是其生殖器的一个属性，它有助于给成年人提供性快乐，这为他们的性关系提供了男性化和女性化两种元素。

这是一种心理上的性受虐倾向，既非变态的也非行动化的。它被原初的性受虐倾向和反投注的道德受虐倾向所强化。当束缚解除时，它保证了和自我需要之间的联结，这样它可以进行自我解构，允许大量的自由的兴奋进入。多亏了这种性受虐倾向，女人的自我才能体验到突如其来的狂喜快感。

对女人而言，这种形式的受虐倾向涉及了对性客体的臣服。它与施受虐关系中的具体施虐行为无关，与前戏的仪式也没有关系；它是一种打开自己、允许自己被大量的力比多占据、接受自己被性客体占有的能力。

只要情人的自我已经成功地屈服于持续不断的性欲力比多，他就会把这种性欲带进女人的身体，通过从她那里夺取性欲的方式来打开和创造"女性化维度"。为了做到这一点，他将不得不面对她的性欲力比多和自我的阻抗两者之间的冲突。

多重认同强化了两性之间的不对称性。

女人是因爱而臣服的。没有爱，她们就无法奉献自己的一切。正如弗洛伊德所指出的那样，这就是为什么她们那么害怕失去爱。这确保了她在性交中对男人的依赖和顺从。然而，事实上，一个女人可以通过混合着柔情的性狂喜来使用她的性器官，这可以让她收获巨大的快乐。

客体的双重变化

从精神分析的视角来看，男性主导——这是每一个社会组织中无法否认的一个事实——不得不涉及必要的父性阳具功能；这是一种象征性功能：它制定法律，赋予父亲把孩子与母亲分开的能力，从而使得他/她能够进入他们所生活的世界。

我想说的是，"带来狂喜快感的情人"也是一个起到分离作用的第三方的位置，使女人从她和母亲的原始关系中挣脱出来。母亲没有给女儿提供阴茎——因此正如弗洛伊德所指出的那样，女儿对母亲有极大的敌意——但是，她也没有给她提供阴道。只有通过创造和揭示她的阴道，一个男人才能把她从前生殖器期的母亲身边带走。客体的变化是一种臣服的变化：对母亲的肛门臣服——小女孩试图通过阴茎嫉羡来摆脱它，转化成了对情人的力比多臣服。

因此，客体发生了双重变化：从前生殖器期的母亲到俄狄浦斯期的父亲（即，到生殖器的母亲）；从俄狄浦斯期的父亲到"带来狂喜快感的情人"。

女性化维度的工作

"女性化维度的工作"这一说法表明，女人必须完成一项永无止境的任务，即克服构成女性性欲的冲突，不管她是否否认那个永恒的问题："你想要什么？"（*Che vuoi*）（Schaeffer，1998）好吧，一个女人想要的两个东西是相互冲突的：她憎恨被打败，但她的性器官却要求被打败。女性性器官想要臣服，想要被打败；它想要一个男人的"男性化维度"，这其实与他的"阳具维度"是完全相反的，阳具维度是一种婴儿性欲理论，其存在的目的仅仅在于忽略两性之间的差异，所以女性性器官实际想要的是女人的"女性化维度"。它需要大量的性欲力比多和性受虐倾向。这是女性领域的丑闻。

在社会、政治和经济领域，确保两性平等的斗争确实是必要的，也需要持续去做不断去争取。然而，在性领域，如果这种斗争和废除两性之间的差异相混淆的话，那么它是有害的——这种差异是必须被支持的。这是因为自我防御和力比多之间是对立冲突的。

自我认为无法忍受的一切之物可能都会带来性享受：闯入、性权力的滥用、失控、废除限制、占有、顺从——换句话说，就是多重意义上的"打败"。

因此，我们可以这样定义女性之谜：她受的伤越多，就越需要被人渴望；她越堕落，就会让自己的情人越强大；她越顺从，她对她的情人就越有影响力。她越受挫，她从中得到的快乐就越多，就越感觉到自己被爱。

男人身上的女性化维度，其作用在于让自己的阳具被他们的力比多的持续推力接管，与此同时，快乐原则可能煽动它们根据张力和释放的周期来快乐地履行职责。用自己的力比多阳具去渴望一个女人是一个男人的能力；这种能力让他不害怕自己的原初母亲、不害怕自己的狂喜快乐、不害怕一个女人会让他释放性欲、不害怕会退到自我的限制，相反，这个能力允许他去发掘和创造女人身上的"女性化维度"。换句话说，至少某段时期，他不得不挣脱自我的控制，克服对阳具的幻想，这些幻想的主要目的是验证阳具在性交时的坚固，以此确保他不会害怕那些像母亲一样的女人（woman-as-mother）的身体所表征的危险幻想。

两性的深层恐惧在于他们与自己的出处即母亲的性器官的亲近。与驱力相关的、永远也不会得到满足的贪婪，如果它所暗示的一切都是被吞食，被母亲的身体所吞食——在这里母亲的身体被体验成既令人恐怖的客体，又让人沉沦的融合（混乱的失乐园），那么它只能是令人恐惧的。但是，性享受正是通过直面和克服这些恐惧而创造出来的。如弗洛伊德所说："男人要想在爱情中体验到真正的自由和快乐，就必须超越对女性的礼貌性尊重，接受自己有想和母亲或姐妹发生关系的愿望。"（Freud，1912d：186）

超越阳具维度：女性的性器官

两性都必须接受阳具的结构。对阳具的自恋性过度投注，有助于打破前生殖器期的意象和母亲的支配地位。多亏了阉割焦虑，男孩可以借助他们的父性认同把部分象征为整体。那么，女孩怎么处理本来就是自己身体的一个内部器官呢？如何把自己的性器官与母亲的性器官区别开来呢？女性的性器官可以被象征化并进入心理现实吗（Schaeffer，2008）？

对两性而言，青春期的巨大发现是阴道。当然，小女孩很清楚这个事实：她们有一个空空的部分，她们有内在的感觉，这不仅仅由俄狄浦斯情结所激发，也会被与原始母亲人物的身体接触和诱惑的原始残留所唤起。然而，性欲阴道的揭秘——女性器官的深层性欲特征——只能在提供狂喜快感的性交过程中完成。对男人和女人而言，"他者"的性欲总是女人的性欲，因为对每个人而言，阳具维度都是相同的。

对于那么自恋的一个阳具存在，一个只能把另一方体验成"被阉割的"存在的男性而言，如何才能避免陷入对女性化维度的恐惧、蔑视或仇恨呢？

成人的"生殖"力比多成分是最困难和最暴力的：它调动了所有的肛欲和性器性防御力量，那些我们可以称之为"对女性气质的拒绝"的防御力量。它要求自我在处理性欲中的力比多的持续推力时做一些加工工作。正是这一测试的暴力本质，让它能够直面和反对两种暴力：一是原始母亲形象的退行性捕获的暴力，二是死亡驱力的暴力，两者的目标是一致的，即不分化。

与阉割焦虑（其存在性仅仅限于否认、支配、摧毁或回避女性化维度）驱动的阳具逻辑相反，男性化/女性化的配对是在两性协力合作发现女性性器官的过程中建立起来的；这只能通过男人的男性化维度征服和撕碎女人的肛欲和性器性防御才能实现。这是"带来狂喜快感的情人"的男性化维度，前提是他可以成功地放弃自己的性器性防御，让自己被力比多的持续推力掌控，带着它进入女性的身体。只有这样，男人才能成功地克服对女人的恐惧（Cournut，2001）。从远古时代开始，男人就不得不在晚上把女人从她们的母亲（夜晚的女王）身边抢走。

为什么是驱力相关的暴力？我可以大胆地说，因为女性化维度的丑闻是关于性受虐倾向的。它让俄狄浦斯期的小女孩说："爸爸，伤害我吧，打我吧！"［那个弗洛伊德在《一个被打的小孩》（Freud，1919e）中讨论的幻想，压抑的第二阶段。］恋爱中的女人对自己的情人说："对我做你想做的事吧，带走我，打败我！"凡是自我和超我不能忍受的，都能促进性享受。要支付的代价便是，男人和女人的自我，在面对生殖器的时候，同意卸下一身的防御。

今天，女人知道，或者至少感觉到，她们自身的女性化焦虑无法通过任何一种"阳具"策略得以缓解或解决。最重要的是，她们知道也感觉到一个事实：不被或者不再被一个男人所渴望会让她们面临一种没有一个性器官或性器官被否认的痛苦；这种痛苦重新点燃了她们曾经受过的伤害，当自己还是小女孩之时，面对性别差异的严峻考验，她们曾被迫以男性生殖器的方式来组织自己。这才是她们"阉割焦虑"的来源。

结论

恰在暮年之时，弗洛伊德（Freud，1937c）在描述了"卡律布迪斯"大旋涡，即一种与生命和爱相反的死亡驱力之后，用"锡拉"岩礁的隐喻把两性"对女性气质的拒绝"这一现象理论化了。

令人不安的是，对女性气质的拒绝已经变成了人类行为的一个常态，而且它已经渗透到人类行为的心理起源之中，其渗透程度之深出乎我们的意料。确实，弗洛伊德是以阳具为中心来建立他的性心理发展理论；对拉康而言，阳具是性欲、欲望和性享受的核心能指。在婴儿的性欲理论之中，只有一种性器官即阴茎或阳具，这必然表征了一种他们曾经常用的防御策略，以防止他们在俄狄浦斯期发现两性之间的差异。

我们如何理解对女性领域的拒绝至今还在一定范围内持续这一现象呢？我们是否可以得出这样一个结论，一直威胁政治、社会和宗教秩序的不仅仅是女性的生育力量，在更大程度上，还有她们的性欲能力，以及女人的女性和母性、母亲的母性和女性这些维度是相互渗透的等诸多事实呢？也就是说，我们都知道，母性维度，在两性身上，均能对与情欲相关的女性化维度起到反投注的作用。

与维护社会结构和权力平衡的阳具/被阉割阳具这一配对相反，男性化/女性化的关系是一种心理创造，它暗含了对两性差异之中的他者性的认可和正视。把阳具/被阉割阳具这一配对转化成男性化/女性化的关系这一能力，决定了男女之间的性欲、情感和社会关系的方式和质量，见证了"文明（文化）的工作"。

女人的地位反映了既定文明的结构和历史；它是社会变革的支点和启示，是两性权力平衡危机和议题的征兆，是平等的象征。诚然，这种平等必须在政治、社会和经济领域被攻克、被维护——但是最为重要的是，不要把它看作是废除两性差异；考虑到自我防御和力比多之间的对立，实际上当两性差异遭遇性欲时，这种差异会进一步加大。

在一个越来越不"俄狄浦斯"（三元化）、趋向于否认代际差异和两性差异的社会中，或许精神分析学家应当肩负起一个重任，即：要确保有一种方法可以提升和处理性欲、可以促进配偶之间有意义的携手共建、可以鼓励性享受，或者积极地升华性欲。当下，一些元素正在我们的社会肆意盛行，比如工具主义、乱性行为、通过毁灭性暴力追求快感、把人非人性化甚至"粪化"（faecalization）、权力的无限膨胀等。正如安德烈·格林（1977）所说，凡要消灭差异，尤其是两性差异之处，皆可能栖息着死亡之神，因为它的目标便是要铲除差异，片甲不留。

女人还有被误解的危险吗?

格拉谢拉·阿贝林-萨斯·罗斯❶(Graciela Abelin-Sas Rose)

在《女性气质》(Freud,1933:135)一讲的结尾,弗洛伊德写道:

如果你对女性气质还想了解得更多,你可以观察自己的生活经验,或者阅读诗歌,或者等待科学为你提供更深刻、更连贯的信息。

本章将致敬《女性气质》的最后一段。自弗洛伊德提出他的观点以来,意想不到的文化变迁和众多学者的细心工作,极大地丰富了我们的思想。因此,在这些成果的帮助下,我自己的各种临床经验指引着我来重思女性气质的可能方式。

尽管弗洛伊德对女孩的发展及其与男孩的差异提出了一种引人入胜的观点,但他的一些推论和结论仍值得怀疑。我特指的一个观点是:小女孩首先长成一个小男孩(众多被质疑的理论之一)(Greenacre,1950;Jones,1935;Kleeman,1976;Klein,1928),这导致弗洛伊德假设,小女孩因此对母亲很愤怒,因为母亲没有给她提供一个阴茎或孩子,而且还背叛她生下兄弟姐妹(Dio Bleichmar, chapter 9)。另一些人认为,女孩的女性意识在早期就存在了,包括早期的阴道感觉体验(Richards,1996)。在我看来,每个病人的儿童期经历,她与母亲、父亲和其他人的关系质量,她的父母

---

❶ 格拉谢拉·阿贝林-萨斯·罗斯:纽约精神分析学院和精神分析医学协会的会员,是精神分析发展中心(CAPS)的会员。她是纽约精神分析学院访问作者座谈会的创始者和前主席,来自全世界的精神分析师都可以在那里呈现自己对精神分析的不同理解。她曾担任《临床精神分析杂志》编辑数年,目前是《美国精神分析协会杂志》外语书评委员会的成员。

无意识中对女孩传递出来的与自己经历相关的性别期待，早期生活的创伤，早期的丧失和失望，家庭生活，兄弟姐妹的出生和个性——这些都会影响一个女孩体验自己的身体和性别的独特方式（参阅：Galenson & Roiphe，1974；Mahler，1963；Stoller，1968b）。

因此，我们可以思考，从对母亲的依恋转变到对父亲的依恋是否更加微妙和复杂，是否与阴茎缺失没有那么大的关联，而更多是对其他变量的回应。此外，由于家庭群集的内在差异，呈现给小女孩的模型不仅有父母性格上的不同、文化之间的差异，还有代际之间的差异，这些因素可能会让小女孩对父母双方产生同等的依恋。

既然阉割焦虑并不能促进女孩的道德感，那么男孩对阉割焦虑的恐惧和超我的发展之间的关联也可能受到质疑。道德观可能远在这个特殊的发展阶段之前就已经存在了。在这方面，任何性别都可能被父母的初始镜像质量所影响，这对共情的发展至关重要；被第一个三角化所影响，在婴儿和父母双方都建立起了一种关系，这个关系是婴儿能够感知他者性的基础（Abelin，1980）；通过对现有模型的认同——所有这些都可能在俄狄浦斯的三角化中发生转变，性别分化在三角化中扮演了重要角色（鉴于孩子和父母各方的关系、父母之间的关系）（参阅：Herzog，2005）❶。

今天，在我们的诊疗室里，我们观察到不同的女性病人，她们与弗洛伊德 1932 年在维也纳所做的推测不同。让我们先听听他的看法：

女性的正义感比较薄弱这一事实，无疑跟嫉妒在其心理生活中占主导地位有关；因为对正义的需求会修正嫉妒，它规定了一个可以将嫉妒搁置一旁的条件。我们还认为，女性对社会的兴趣没有男性浓厚，她们对本能的升华能力也没有男性那么强大。前者无疑和她们在所有性关系中所表现出来的孤僻特质有关。恋人们在彼此身上就得到了满足，家庭也反对融入到更复杂的组织中去。升华能力体现了最大的个体差异。另外，我不禁想到精神分析实践中常见的一个现象。一个 30 多岁的男性给我们的感觉是年轻的、不太成

---

❶ 在此，我想感谢很多学者，他们的工作对我的思想产生了重要的影响（Abraham, et al.）。

熟的，但我们还是可以期望精神分析能为他打开发展的各种可能性。然而，一个30多岁的女性却表现出令人震惊的僵化和不可改变性。她的力比多固守在最后的位置之上，不愿做出任何改变。看不到进一步发展的可能，似乎整个过程已经完成，而且此后很难受外界影响了——的确，在发展女性气质的艰难旅途中，她已经穷尽所有可用的资源。作为治疗师，我们对此表示遗憾，即使我们可以通过消除她们的神经质冲突来帮助她们结束病痛。(Freud，1933：134-135)

临床数据

一些临床说明可以帮助澄清我试图解决的问题。它们和弗洛伊德关于女性的三个主要论断相矛盾，即女人的超我发展更弱；她们的人生早在生命早期就已定格，不能改变；她们比男性更关注自我（self-evolved）。我发现，我的女病人们有很强烈和高尚的道德感，这在很大程度上损害了她们的自尊。在临近更年期的时候她们还可以改变：事实上，她们渴望认识自己的内心世界。此外，她们都觉得自己对伴侣和其他家庭成员的幸福负有责任——比那些更自我的伴侣有更大的责任感。

她们的受虐倾向似乎也不是与生俱来的——女性固有的本能变迁——而是一种针对那些后来在成年期重现的、复杂的早期客体关系的解决方案，因而受虐立场是后天获取的，是可以治疗的。

我将通过四个临床片段来具体说明。

临床片段1："莫妮可"（Monique）

莫妮可是一位才华横溢的作家，她会让她的伴侣扮演一个严苛的角色。作为一个理想化的权威，他才是唯一可以声称自己有写作和创造力的人。她对他的局限性的评估都以爱的名义被否决了，而她自己的创造力也被否定成无关紧要的。我们会认为这是一种原发的性受虐倾向吗？我们得知，她有一个精神失常的弟弟，作为健康的姐姐，她心怀内疚。在她和他的关系中，我们找不到施虐的倾向，但却找到一种感觉：她觉得不能比他好太多。这让她觉得自己作为一个女人是不受欢迎的。她的悲剧性臣服是基于对自己天赋的内疚，尤其当她身处一个更希望男性聪明的文化之中。

临床片段2："杰奎琳"（Jacqueline）

杰奎琳在婚后不久就失去了自己受人尊敬的父亲，在丈夫的自愿参与下，她建立了一种鲜活的父亲/孩子的动力关系：她被一个专制的男人奴役，无法拓张，被禁锢在一个无意识的契约中，这样丧失父亲就变得不那么真实了。在这里，她的受虐关系似乎基于一种欲望，作为一个年轻的女士，她想通过嫁给一个年长的、控制欲强的男人，来重新找到一个比病怏怏和只关注自己的母亲更忠诚的爱的对象。她误把他的控制需要理解成了他的忠诚和兴趣。

临床片段3："黛布拉"（Debra）

黛布拉是一位成功的艺术律师，她心里有个结，就是对母亲的局限性的忠诚剥夺了她自己的创造性生活。她只能提高和保护他人的创造性，而自己的生活却过得很别扭。她妈妈自黛布拉出国留学后就身患疾病，而且酗酒，在黛布拉结婚不久之后就去世了。

临床片段4："海蒂"（Heidi）

海蒂是一个非常称职的专业人士，在她的原生家庭中，她扮演了调节他人情绪的角色，这阻碍了她自己的充分发展。在她第一次咨询时，她的工作环境呈现了她的无意识契约：她的办公室有两扇门，分别和另外两位年长的编辑相通，一位是男性，一位是女性，这两位经常找她帮忙。因为没法限制他们的要求，她总是没有时间完成自己的工作。

在回顾这些片段时，我观察到其中的一些共同因素：所有这些女性，在意识到那些使她们失去创造力并因此抑郁的无意识冲突之后，都能够在自己的发展中取得巨大飞跃，改善自己的生活品质，改善自己与伴侣之间的情感契约。

我们应该牢记，每个女人对女性的概念都有其独特的表达方式，这些经验在她的一生中是如何演变的，取决于她的年龄和周围的环境。例如，当女性临近生育年龄的末期时，在已经履行了一项重要的生理和心理任务后，她们往往会被驱使去寻找另一片天地。

弗洛伊德在同一篇文章中模糊地提到这一点：

> 但是不要忘记，我在这里描述的女性本质仅限于由性功能决定的部分。这部分确实影响深远，但我们不能忽略一个事实，即一个女人从其他方面看也是一个真正的人。（Freud，1933：135）

除非我们也考量病人所处的历史和文化背景，不然很容易因为偏见将女性气质客观化。许多女性因抑郁症前来治疗。正如我所观察到的那样，这通常与她们的才能发挥受到限制有关，也因此与她们的亲密关系质量不佳相关。

接下来我将进一步强调 20 世纪 80 年代美国的一些重要议题，这些议题和弗洛伊德关于女性气质的最后一篇文章大相径庭。我还会强调自 20 世纪 80 年代以来我们观察到的变化，同时还将比较这些和我们今天的女性病人又有何不同，这一点我在本节后面也会提到。

20 世纪 80 年代观察到的一些议题

整体的画面是，这些女人一旦投入到一段关系中，就失去了自己独立他者的概念，不知不觉地会对自己的价值观和愿望越来越没安全感，把它们和自己爱人的价值观和愿望融合在一起。

因此，在和伴侣的关系中，这些女人表现得好像已经放弃了自己的判断、价值观和身份感——总之，就是放弃了她们的自主性。慑于伴侣的权威，她们忍受伴侣的不体谅、易怒和挑剔的行为，这些都贬低和限制了她们的自主性。尽管她们在婚姻关系之外十分活跃、多产高效，但她们的自我形象并没有把这些品质和家庭生活整合到一起。相反，她们重要的另一半的情绪状态决定了她们的价值感和幸福感。尽管胆怯和顺从，但她们也意识到自己伴侣的脆弱。然而，她们会表现得好像这些脆弱是合情合理的，以此来回避冲突。如果她们没有给伴侣提供预期的支持，她们会心怀愧疚。一个更坚定的、现实导向的和高要求的态度让她们质疑自己的女性气质，也让她们担心自己会被伴侣所抛弃。

这一系列表明，女性将她们极为敬重的自我理想（ego-ideal）的品质投注到伴侣身上。然而，被如此理想化的人物似乎嫉妒和觊觎她的才华、她的自主性和她的财产。出于一种明显错位的母性同理心和奉献精神，她把他当成了一个脆弱的、好斗的小孩子来对待。

这些观察指向了女性角色中的一个深层概念：一位驯服者，驯服伴侣的易怒、复仇和愤怒攻击。我们看到，她试图为他的情绪开脱，"理解"他，同时让他恢复理智。换句话说，*她认为自己有责任管理他的情绪*。

这些女性中没有一个能以一种有意义的方式向自己或伴侣表达她们的需要和幻灭。失望、情感空虚，这些体验只能通过象征性的表现来表达，如遗忘、丢失东西、心不在焉。

为什么要阻碍自己觉察自己的想法呢？在女人眼中，男人扮演了两个不同的角色：专横、让人失望的主人；需要保护和照料的脆弱孩子。很长一段时间之后，她才意识到，她对伴侣的第一种看法转向了第二种，似乎是他的易怒和生气使她意识到自己对他的蔑视，这种觉察让她害怕。就在那一时刻，她逆转了自己的角色，把他的非理性反应归因为她自己做错了什么，通过内疚和关心的行为来否认自己的看法。*因此，让人无法接受的是，她意识到了伴侣在自己的心中已经跌落神坛。*

当我想到那个故事：一个美丽的少女晚上是国王的伴侣，但却一直担心黎明时会被斩首。几年前，我把这个现象命名为"谢赫拉莎德综合征"（Scheherazade syndrome）（Abelin-Sas，1994）。谢赫拉莎德是一个神秘的尤物，她每天都生活在会失去自己的头的恐惧之中。沙赫里尔（Schahriar）国王，曾被自己的妻子背叛，为了摆脱屈辱，他每天早上都会杀死一名与他共度良宵的年轻少女❶。沙赫里尔国王被女人是不忠者，会在朝堂上当众让他丢脸的想法所占据，面对自己的失败他找不到其他方法，唯有消灭所有的女人，以免其中的任何一个会再次暴露他的无助、他的阉割焦虑。通过她的一千零一个故事、她的声音和她的智慧，谢赫拉莎德成功地逃脱了"不可逃脱"的死刑，获得了一天又一天的生命，因此，在每天结束的时候，她为她前一天晚上未讲完的故事提供一个结局。

在阅读童话时，我们看到她勾起了这个孩子般的男人的好奇心，他的强迫性杀戮不分哪个女人。就像一位慈爱的母亲为减轻孩子睡觉时的不安所做的那样，她创造了一个幻想和艺术的世界。她成功地将自己与女巫般的阉割者区分开来，并找到了一种方法把这个孩子/国王从他单一主题的噩梦中引导出来。因此，在一个梦幻般的过程中，当谢赫拉莎德的故事用数百个虚构人物取代了他狭隘的现实时，国王的行动化倾向被翻译成了语言。国王，一个全能的嗜血的婴儿，被故事中人物的经历、智慧和人性所感染，重新学会了欢笑、学会了悲伤，再次体验到了生命、语言、诗歌和爱情的价值。

经过一千零一次的"治疗会谈"，谢赫拉莎德创造了一个奇迹，中断了一再发生的杀戮。她用自己的创造力赢得了自己的主人/孩子，而且发现了主人隐藏在阉割焦虑、深处的男性力量：一个现在可以爱、可以创造、可以生育的男人。最后，她成了国王的妻子。我们知道，在一千零一夜的时间里，他们生了三个孩子。

但是，切记一点，谢赫拉莎德自己处在一种不可能的情境之下。她的创造性被迫全部投注到安抚被复仇之心占据的国王身上了，与此同时，她还不

---

❶ 实际上《一千零一夜》的故事来源很广，它是在18世纪初通过法语翻译传到欧洲的。然而，这本故事丛集早在10世纪就基本成形了。这些来自印度、阿拉伯世界、波斯和犹太传统的故事，最终都收录在这本书中，就像一条又长又深的大河拥抱着许多支流一样。

断受到他的权力的威胁。

看看这些女人的生活，或者看看这个一千多年前就创作出来的虚构故事，我们发现，一个女人相信她会被处以死刑——隐喻了不再被爱、被抛弃——除非她们能治愈伴侣的屈辱感和被阉割感。

该系列的心理动力学

正如我们之前所说，这类女人，无法接受自己的感觉，不能从口头上质问自己的伴侣。相反，只能用心不在焉、漠不关心、视而不见来象征性地表达不满和幻灭。她的伴侣读不懂其中隐含的深意，无法询问，也不能自我反思，于是便只能以类似的方式做出回应。为了避免沦为她的自我理想（一种自恋型的阉割）这一无法忍受的失败形象，他做出各种尝试，结果导致了一种象征性的行为：无能的暴怒。

女人无法与他正面交锋的事实保存了他的全能感。事实上，她并没有把问题带到意识的层面，而是惊恐地改变了场景：她的男人变成了她痛苦的孩子，而她变成了他操心和内疚的母亲，仿佛她真的伤害了他。

她向男人承诺，她可以牺牲自己的意识来抵消他的失败感，这助长了他的幻想：他可以通过"斩首"她来攫取力量。可以说，成为一个无所不能的、无法无天的孩子的受害者，让女人处于一种特殊的权力位置：一个独特的调节男人人性的人。在这种主仆关系的概念中，他们两个都是悲剧事件的参与者，两者的参与度可谓不分伯仲。 *这种情境不可能发生改变，除非女性可以接受自己的力量，克服她对貌似猛烈的攻击性的恐惧，认识到她有权成为一个自信的、有创造力的、自主的成年人。*

当然，女性无法在与伴侣的关系中或实际上在她的所有公共生活方面获得权力，这可能带来各种结果。有时，她会对伴侣的武断表现出不满或公开愤怒。另一些时候，由于对自我的贬低和对他更有成就感的位置的嫉妒，她就会变得特爱贬低人，不尊重人。当她嫉妒伴侣的喜悦时，她甚至可能变得非常专制， *期待他的伴侣也过和她类似的人生。*

让坚定（assertion）这一概念变得不道德和危险的决定因素

我们已经注意到，女性担心如果她成长了，她就会使用不属于她的功能——而这可能会伤害她的伴侣。如果她变得独立，被人视为坚定和有力量的话，她会感到强烈的内疚，并预期接下来会有惩罚（被抛弃和丧失女性的身份）。

好像女性无意识地把有影响力、有掌控力与一个阉割性的女巫联系起来了。这个禁忌让她觉得自己是不道德的。因此，她有时会否定自己的权力，放弃认识自己的能力、判断力、专长和地位（有一个案例是，一位妻子在不知不觉中为丈夫提供了一些主要的思想，这让他能够以优异成绩从一所名校毕业。还有一个案例是，一位候选人的妻子在开始治疗后的几个月后告诉我，她几乎把老公的博士论文给彻底重写了一遍）。

我们已经发现，对于许多女性而言，解剖学的差异注定了她的顺从和责任感。她对霸占男性特征的担忧导致她将自我权力等同于不道德。尽管在某些情况下，这可能是出于一种无意识的、嫉妒的、想要摧毁男性的愿望，但这也暴露了她无法真正相信两性都有权拥有创造力和权力。这或许可以解释，为何当她的生活中没有男人时她会被羞耻感所淹没，或者当她想象自己孤单（没有爱、没有家或者没有能力生存）时，她会感到嫉妒和绝望。

现在我们将简要地探讨一下伴侣之间的动力。在此，我将再次引用弗洛伊德关于女性气质的演讲，因为他认为女性把一种母子关系转移到夫妻关系中了。

因掺杂了社会条件，女性选择对象的决定性因素经常模糊难辨。倘若可以自由选择，那么她们通常会按照自己的男性化的理想自我来选择。如果女孩还停留在对父亲的依恋之中，即俄狄浦斯情结，那么她的选择参照就是父性类型。因为，当她从母亲转向父亲时，她和母亲之间的矛盾关系仍然充满

敌意，这样的选择应该能保证一段幸福的婚姻。但是，由于矛盾心理，通常的结局非但没有解决这种冲突，反而构成了一个普遍的威胁。这种遗留下来的敌意也延续到了积极的依恋之中，并蔓延到新的对象身上。女性的丈夫，虽然开始的时候继承的是父亲，但随后也会成为母亲的继承者。因而经常出现的情况是，女性在后半生中充满了对丈夫的反抗，就像她很短的前半生中充满了对母亲的反抗一样。（Freud，1933：133）

当然，女人可能会把她对母亲的敌意转移到丈夫身上。在婚姻的退行中，双方都可能会把他们在童年早期和父母双方的经验转移到伴侣身上。还有一种独特的方式会让一个女人和母亲保持有害的联系。根据她们关系的质量、母亲的个性以及她和男性的无意识的、公开的关系，女孩甚至可能会担心自己的成长会危及母亲的权力和力量。对于许多女性来说，这可能是一条必经之路，也给她们带来了很多问题❶。

临床片段："雪儿"（Cher）

我在这里呈现一个雪儿的梦，她在和生病的母亲的分化过程中表现出了我提到的一些焦虑。

我梦见我在一个很像我的乡村别墅的地方。墙上挂了一面大镜子，我看到从右下角开始起了一道裂缝。我吓坏了，因为我预见整堵玻璃做的墙面就要裂成碎片，轰然倒塌。我开始大声叫喊我的先生。

---

❶ 其他领域的研究人员通过不同的方法也发现了一些数据，这些数据对我们的研究也大有裨益。卡罗尔·吉利根（Carol Gilligan）在她1982年对大学生的研究中发现，女性的责任感和牺牲意识压倒了男女平等这一理想。女性以她们感受到的责任感和关心的多少来衡量自己的价值，同时根据她们与他人的关系来定义自己的认同感。她们避免造成痛苦，并敏锐地意识到自己的脆弱感、依赖性和对抛弃的恐惧。数年前，琼·贝克·米勒（Jean Baker Miller，1976）已经证明，对于女性而言，完全失去一段关系意味着完全失去自我，而这种反应与她们更看重与他人的关系而非自我提升是相互一致的。

通过分析，我们开始揭开了她和母亲在一起时的一个基本的无意识情境，就像现在呈现在她对男性的幻想中一样。

在导致了她陷入严重抑郁状态的第二次流产后，她曾接受过咨询，她责怪自己没有保住孩子。我们得知，她的自我谴责，某种程度上对应的是，她因为谴责母亲在她3岁时没有任何解释就离家几个星期而产生的自我内疚。雪儿因为流产要住院，她被迫要把3岁的女儿留在家里，而她自己在3岁时也是这样被遗弃的。但是，最重要的是，在她梦中倒塌的那面墙指向了一个无意识的幻想：只要她和她的母亲是同一个人，她就可以让母亲一直活着。这个女人无视自己的智力成就，无视对他人的深度情感依恋，好像这样她就可以把自己体验成跟妈妈一样的人。这种身份的混淆并不少见。

这是一个内在的母亲，她的生命和权力都依赖于女儿的不成熟的镜像。它可能证明了诸如"大""强大""母亲"和"阳具"等概念之间的无意识的互换性。它们之间的等式会把女人引向这种特殊的镜像，而她自己在镜像之中必须保持渺小，以此来维护另一成人在此基础之上建立的强大。对男人的任何承诺都会威胁到这一母女关系，这将在她后期的伴侣关系中重演❶。这一特殊的情境是：

- 要求女人必须做一个顺从的女儿，以成就她母亲的强大形象；
- 促使她在伴侣面前重复相同的情境；
- 将自己的女性身份定义为必须通过伴侣来"完成"。

---

❶ 朱莉娅·克里斯蒂娃（Julia Kristeva，1989）提醒女人注意对母亲的这种认同——作为阴茎缺失象征的母亲。为了让她成为一个"主体"（人），而不是一个"客体"（东西），女人必须认同母亲对一个男人的欲望。只有对父亲的"原始压抑"可以让她抵消她对表征为丧失或缺失的母亲的依恋。克里斯蒂娃是从拉康的框架出发，杰茜卡·本杰明（Jessica Benjamin，1991）是从客体关系的角度出发，但两人居然达成了一个相似的结论：阳具的出现有一个前象征期。在本杰明看来，女孩需要认同自己的父亲，不仅是为了否认和解除无助的危机，也是为了确认自己是欲望的主体。本杰明觉得，对阳具的理想化、对缺失的父亲的爱之认同的愿望，激发了成年女人对表征了她们自我理想的男人的幻想。对父亲的认同之爱确实很重要，但可能不足以动摇我之前提到的"阳具＝阴茎"的困惑。另一方面，根据克里斯蒂娃的观点，如果女性将"母亲"视为"缺失"的表征，这可能是因为她没有把创生和力量的概念融入到"母亲"的概念中。

新一代女性

带着这样的视角,我在过去的 30 年里观察了一些女性病人(我在这里指的是居住在纽约的美国籍和南美籍的中产阶级),她们呈现出了——和我今天的女性病人十分不同——以下几个核心议题,这些阻碍了她们满足感的获得:

- 无法放弃这种感觉:坚定的社交姿态将剥夺男人的核心地位和母亲的权威地位;
- 把伴侣视为实现她们自己已经偏离的、被置换的凌云壮志的人;
- 对理想化的伴侣感到越来越不安、越来越失望,最后反而变成了那个对他批评最尖锐的人。

文化已经发生演变,这极大地影响了女性对自身女性气质的体验方式,对男性而言也是如此。美国今天的年轻女人都有过性经历,这让她们可以觉察到自己的性兴奋模式、获取快乐的条件和她对伴侣的成就要求,不管她们是异性恋还是同性恋。她有自己的凌云壮志,而不再依靠伴侣来完成它们。

过去的 40 年见证了巨大的文化变迁,这些变化影响了男女的角色,带来了新的挑战和可能性。堕胎的合法化允许女人可以通过多种方式决定怀孕时间或克服受孕障碍。这些变革性的变化要求性别理论也发生相应的变化。

两性关系的概念已经发生了深刻的变化。在家庭中,角色很容易互换,两性在男性倾向和女性倾向上都表现出多样性,这远远超出了目前已有的范畴。

在新的几代人中,她们面临的冲突不那么集中在性别期望的行为上,而更多集中在欣赏和容忍伴侣性情之间的互补性和差异性之上。

这些显著的变化确实在女性的事业和组建家庭的愿望之间造成了冲突,

她可能会发现自己陷入了一个可怕的境地：为了追求成就，她不得不延迟做母亲的时间。我们现在有了一些不同序列的议题，例如：

- 努力确定角色的不确定性，这是由于女性的愿望和以往几代人的愿望不同，所以她缺少模型，尤其是在性别角色上；
- 把自己的母性角色从她对母亲的矛盾认同中分化开来，主要是母亲的性别角色观；
- 全面看待她幻想中的性别角色期待和理想，学习容忍自己的失望，调试自己对权力的需求和对伴侣的攻击。

年轻的一代已经获得了自主性和自我定义权。这些女性不再依赖男人，她们认为承诺性的关系和做妈妈会影响她们的自给自足。她们经常沉浸在自己的事务之中。她们不再理想化伴侣，她们要求平等——这种要求有时和她们伴侣的潜能不相称。

总结

有人（Glocer Fiorini，2007）认为，女性气质、性欲和母性的交汇之处，正是女性主体性的栖居之所。因此，我只想补充一点，女性的身份是终身演变的。这种持续的重新定义发生在两性之间，发生在不断变换的生活、个人和社会环境之中，包括生理变化、欲望水平、权力关系、爱、母性和工作等。

撇开时代的历史限制不谈，在思考弗洛伊德的女性观点时，我怀疑他是否成功地描述并采纳了女性自身的防御立场。弗洛伊德在使用"黑暗大陆"这个名字时，与其说是为了揭露和采纳女性自身的那些会强化固着性受虐倾向和防御的婴儿原则，不如说他可能仅以此词来描述他和女病人共存的那些盲点？

从这个意义而言，我们已经知道，分析性倾听需要一个持续开放、愿意冒险的头脑。我们分析师有责任去激发一个女人的好奇心，让她了解那些指导她的身体、她的性别、她的性行为的原则和无意识的叙述。我们可以帮助她觉察到自己对体验、幻想、未知的理论和它们的起源的独特的、创造性的组织方式，通过这样的方式，为她提供潜在的自由，来抵消那些生活事件给她强加的认同方式，从而为她和她的分析师澄明"黑暗大陆"。我们可以帮助她把注意力集中在：她所遇到的问题是如何与她的亲密关系和文化环境的规范和期望进行协调的，作为一个女人和母亲她是如何感受自己的，她对男人的理论和期望是什么，吸引她的是什么，点燃她欲望的是什么。或许，我们由此可以帮助她获取那些可以让她对自己和他人更满意的知识，而无须被自己的性别所限。

自主性和女性成熟

玛丽·凯·欧·尼尔❶（Marry Kay O'Neil）

弗洛伊德的女人性心理发展观基于两个前提。①人在心理上是双性的，其主要的女性身份或男性身份的发展有两个发展阶段：俄狄浦斯期和青春期。②所有的女人在还是小女孩时都经历过"阴茎嫉羡"，当她们发现男人拥有一个她们缺乏的东西时。由于弗洛伊德无法用元心理学理论来修正他的女性发展理论，也无法把他后期的见解整合到早期的构想中，他只能坚持这些基本前提。

《女性气质》是对弗洛伊德早期女性观[《两性的解剖学差异带来的一些心理后果》(Some Psychical Consequences of the Anatomical Differences Between the Sexes, 1925j) 和《女性性欲》(Female Sexuality, 1931b)]的一个重述。到1933年，弗洛伊德意识到，和男孩相比，"一个小女孩发育成一个正常女性的历程更加困难和复杂"（Freud, 1933：117）。尽管有疑问，他却不能允许女人的发展和男人的发展分离，也许是因为他意识到精神分析尚不足以"追踪女性气质从青春期到成熟期的发展"（Freud, 1933：131）。然而，弗洛伊德对母女关系变迁的新认识，为我们理解母亲和母性对一个小女孩的女性气质发展的影响打开了一扇门："当然，我们知道，她们在初始阶段是依恋母亲的，但是，我们不知道的是，这份依恋的内容会如此丰富，时间会如此长久，而且可能遗留的固着和性情会如此之多。"（Freud, 1933：

---

❶ 玛丽·凯·欧·尼尔：加拿大精神分析学院（CIP）的一名督导和训练分析师，目前在魁北克的蒙特利尔以精神分析师和心理医生的身份私人执业。她曾担任过《美国精神分析杂志》和《加拿大精神分析杂志》的审稿人。目前，她是《国际精神分析协会杂志》的编委成员。

119）认识到关于女性气质的知识是不完整的，弗洛伊德挑战分析师们："你可以观察自己的生活经验，或者阅读诗歌，或者等待科学为你提供更深刻、更连贯的信息。"（Freud，1933：135）

继弗洛伊德之后，女性精神分析理论在原初女性气质和次生女性气质这一历史争论上取得了实证性的重大进展，这场争论在20世纪20年代如火如荼，随后销声匿迹，50年后，它又在新的科学证据面前和女性主义的呼声中苏醒过来（20世纪60~70年代）。争论的焦点是：一个女人从心理上来说是天生的女人，还是说只有在她发现自己不是男人时才变成女人的？还有"解剖学是命运"吗？到20世纪20年代中期，这一争论导致了两大不同的理论立场。①弗洛伊德、海伦妮·多伊奇（Helene Deutsch）、珍妮·兰普尔·德格鲁特（Jeanne Lampl de Groot）赞同一种理论：在俄狄浦斯期之前，两性的发展本质上是相同的（男性化的），只有在女孩发现她没有阴茎之后，女孩的身份和人格才会出现分化。②卡伦·霍尼、欧内斯特·琼斯（Ernest Jones）和奥托·菲尼谢尔（Otto Finichel）持另一种观点：性别身份——女性特质——是一种与生俱来的现象，对女性身份（身为一个女孩）的有意识觉察和快乐，在一个人有自体感之初便已存在。

到20世纪60年代中期，精神分析师已经注意到了性功能生物学方面的新研究（Sherfey，1966）。随之而来的是对修正精神分析的女性发展观的兴趣的重生。到20世纪70年代，许多精神分析师坚持认为，核心的性别身份属于出生后的第一年，阴茎嫉羡更多地被认为是一种防御策略，到达性高潮的能力并不依赖于情感的成熟。蒂乔（Ticho，1976）总结了专业领域对原初女性气质的接受程度："毫无疑问，女孩不想成为男人，而是想发展成为独立自主的女人。""解剖学是命运"这个说法可以被束之高阁了。也就是说，精神分析理论不再认为一个女人只有在发现自己不是一个男人时——她没有阴茎——才会成为女人。同时，她不再是只有和一个男人生了孩子——最好是一个男孩——之后才算完整。弗洛伊德的阳具中心主义——精神分析的阿喀琉斯之踵（the Achilles Heel，意为致命弱点）——已遭受到严重质疑。正如伊塞尔（Easser，1975）所断言的那样："女人是一个完整的个体，不管她有没有异性恋的关系，不管她要不要怀孕，不管她做不做母亲。"

随着对原初女性气质的认识，母女关系在精神分析界被赋予了首要位置。然而，原初女性气质，"不再是一个单一的概念，而是包含了一组和女性身心相关的概念"（Kulish，2000）。精神分析理论最终提出了一个两性在前俄狄浦斯期是各自独立发展的平衡观点。性别理论承认了性别和性别身份的独立性和相互依赖性。性别角色身份是在客体关系中和社会规范的影响下产生的核心性别身份。俄狄浦斯神话作为女人性心理的范式受到了质疑。有人认为，其他神话提供了一个更好的范式，例如，珀耳塞福涅神话（Holtzman & Kulish，2000，2003）。女性气质和男性气质被视为平行的结构：两者都不是一个单一的自然状态。普遍的双性恋概念仍有意义，只是平衡对两性而言各有差异（参阅：Elise，1997）。

正如霍多罗夫（Chodorow）所说，每个女人，在成长的过程中既是主体又是客体："通过饱含情感和充满冲突的无意识幻想，她创造了自己的心理性别，这些幻想帮助她建构了她的内心世界，灌输文化观念的诸多投射，并且解释自己的性解剖学。通过创造某些更显著的无意识幻想和解释，每个女人都动态地创造了属于自己的、独特的性别画面。"（Chodorow，1996：215）客体关系理论、婴儿和儿童研究、发展研究、性别研究、心理社会因素和生活事件的影响等的崛起，以及精神分析师的临床观察，共同深化了对女性发展的理解。泰森认为："一个普遍的、全面的和综合的关于女性发展、女性心理学和女性性欲的理论尚未出现。重要的争议仍悬而未决。"（Tyson，2003：119）早期的女性心理学争议已经转换阵地，焦点变成了*女孩发展成一个独立自主的女人*的复杂过程。

本文作者将分别选取一个临床案例和一个研究案例来帮助我们理解女性自主自体（autonomous self）的发展。其中，临床案例是对一位中年已婚女性格温的精神分析：具体地说，她从虚假的自主性走向真正的自主性。研究案例则源于一项精神分析取向的访谈，访谈的对象是单亲妈妈，我们的研究项目为她们和她们的孩子提供安全、可负担的住房，同时妈妈们还可以继续接受大学教育❶。一个女人的故事［珍妮（Jenny）］是研究案例，为女性的自主自体的发展贡献了一个例子（注意，这是研究案例，和精神分析的临床案例是不同的）。

精神分析未对自主自体的概念单独定义。自主性是自体的一个属性，包括部分重叠的认同感、分离/个体化、自恋、依恋、客体关系等概念。"自主自体"这个概念引自沙夫（Scharff）1994年出版的一本关于约翰·D. 萨瑟兰（John D. Sutherland）的著作。

萨瑟兰认为，一个独特的自体从出生开始就存在，指导自体发展的先天组织原理从一开始就存在……自体的有效发展依赖于母亲愉悦的、共情的回应。如果婴儿从母亲和（后出现的）父亲那里体验到的整体感受是他们对婴儿本身真正的、无条件的喜爱，那么婴儿就更容易容忍某些行为带来的各种各样、不是很大的挫折。(Scharff, 1994: 303)

真实和虚假的自主性与温尼科特的"真我和假我"有相似之处，但并非同义词：

真我（True Self）是在共情的、关怀的母性环境中发展出来的，但如果没有这种环境，假我（False Self）就会发展出来以保护真我不受母性的负面影响。作为感觉运动活力的总和，真我首次出现在原始心智组织的初始阶段（Winnicott, 1960: 149）。然后，它就变成了一种心理的感觉，即一个特定的个体以多种方式体验自己是活着的和真实的（Bacal & Newman, 1990: 191-192）。

---

❶ 这项刚刚完成的研究项目叫蒙特利尔"机会项目"。通过对60位母亲（其中40位是当地居民，20位是毕业生）的100份访谈，我们探索了一个精神分析问题："我们能够从这些女性身上学到关于女性发展（母亲身份、女性成熟和自主自我）的哪些部分（有意识的和无意识的）?"

在最近的精神分析文献中，已经涌现出了关于自主性的更深入的、振奋人心的理论观点和临床应用。克雷默·理查兹（Kramer-Richards，1996）评论了九本关于女性精神分析和心理与社会议题之间的关系的书（包括欧洲分析师的工作）。这些议题（诸如性欲、母性、事业成就和相互依赖）反映了女性的自主性发展和自我实现。精神分析关于自主性的概念似乎特别适用于女性的依赖/独立或依恋/分离之间的张力，这些张力弗洛伊德也意识到了，他提出女孩在前俄狄浦斯期对母亲有丰富和持久的依恋，这种依恋将对其后期的母性能力产生重大影响。

自主性的发展只是自体发展的一个部分。弗洛伊德描述了"女性本质仅限于由性功能决定的部分"，他评论道："一个女人从其他方面看也是一个真正的人。"（Freud，1933：135）这一节将迎接弗洛伊德的挑战，试图超越她们的性功能，从自主性的关键点即母亲身份（motherhood）和女性成熟（womanhood）❶ 的角度来理解女人。格温的案例说明了未解决的身份冲突是如何带来虚假的自主性的。解决这些冲突，尤其是母女关系中的冲突，就像在移情/反移情中所表现的那样，会带来一个更真实的、自主的自体❷。珍妮的案例为单亲妈妈的假设提供了证据：对孩子的责任感可以是女性心理成长的首要心理刺激因素；其他的影响如个人经历、母亲身份、关系模式、应对方式和社会支持等，对这些女性而言，是她们自主性发展的次要贡献因素。

临床案例：格温

格温❸已经实现了分离/个体化、成熟和自主性❹的所有外在表现方式。

---

❶ 弗洛伊德使用"女性气质"的概念来讨论女性的性心理发展。这里我用"女性成熟"来代替"女性气质"，以此来强调对女性作为一个人发展的另一方面——一个自主的自体。"母亲身份"是女性成熟的一面，它包括母婴关系的两个方面：被妈妈养育和自己做妈妈。

❷ 正如蒂乔（Ticho，1976）、本杰明（Benjamin，1995）和其他学者所强调的那样，父母双方对男孩和女孩的自主性发展都有重要影响。尽管父亲对格温和珍妮的重要性是显而易见的，但本节的重点主要在于母亲对女儿自主性的影响，而非父亲。

❸ 两个案例中的人物都是化名，身份信息在不扭曲重要历史因素的情况下被尽可能地隐藏了。

❹ 在精神分析文献中，分离/个体化、成熟、自主性经常互换使用。其中的一个例子就是克洛尔（Clower）1990 年的文章。

她52岁，是一位职业女性，有两个刚成年的儿子，最近她刚刚结束长达29年的婚姻。她已经有三个月没有告诉任何人她的丈夫离开了。神经症性的否认是她防御震惊和羞耻的方式。对另一个女人存在的愤慨、对丈夫背叛的巨大愤怒，促使她在一个弟弟的建议下前来求助。

创伤激活了格温特有的拒认（否认已经知道的一切）模式。她是一个特别有条理的女人，但她"忘记"了第六次分析。在接下来的一次分析中，她被自己的大脑会玩这种把戏震惊了，她想到底还要不要继续和我谈话。我对她害怕依赖和渴望回避痛苦的愿望进行了解释，这让她得以继续治疗。噙着泪水，她向我诉说了她的痛苦，她无法向他人承认自己的需求，甚至对自己也不能：她一直都是照顾者。在追溯婚姻中的主要伤害时，她认识到，她否认去感受痛苦和情感的方式早在她童年期要扮演一个乖顺的女儿时就已经发展出来了。然后，她清晰地说出了分析的中心主题，一个象征了她的自我理想和原初性格防御的幻想："我很小的时候就记住了《小红母鸡》（*The Little Red Hen*）的故事，'所以她就自己一个人做了'便成了我的座右铭。"❶ 小红母鸡的座右铭背后的无意识幻想，体现在她的依恋模式中，也体现在我们的分析关系中。

格温的父亲白手起家，是一位专业人士，她的母亲来自于中上阶层，是一名家庭主妇，她是家中的第二个孩子，但是第一个女孩。母亲得了一种日渐虚弱并最终致命的疾病，父亲出现了反应性的成瘾行为，这让她同时丧失了父母的养育，她必须用伪独立来适应家庭环境——"所以她就自己一个人做了"。她也经历了第二种丧失——自我发展的机会和自我肯定的限制。作为家中的长女，格温变成了妈妈的陪护者和爸爸的拯救者——一个照顾者的角色取代了个人抱负。格温的无意识幻想是，如果她尽职尽责地"一个人做了"，她就可以补偿那些被否认的、痛苦的、真实的丧失，可以避免未来的可怕丧失（母亲就不会死）。这个自给自足的角色让格温免受无助、被动和孤立的抑郁之苦，可以让格温维持自尊。然而，这些性

---

❶ 小红母鸡找到了一粒麦子，开始节俭地做面包。每进行一步，她都请求帮助，但都被他人自私地拒绝——"所以她就自己一个人做了"，任劳任怨，高效完成。到了吃面包的时候，那些拒绝帮助她的人愿意参与进来了。然而，她自己一个人吃了面包。

格防御随着婚姻的失败瓦解了：尽职尽责无法避免也无法补偿真正的丧失。她的抑郁，是对当前失去丈夫的反应，但早期丧失造成的未解决的抑郁也被激活了。

格温第一次丧失双亲抚养的经历发生在 3 岁之前，母亲当时因为死胎的经历出现抑郁，父亲开始出现成瘾行为。她是一个好奇的、爱社交、会说话的孩子，她通过自己满足自己需求和乖顺听话的方式来应对父母的缺席。一直到青春期，父母都没能满足她的情感需求。虽然她认同了父母的积极方面，可以发展自我的力量和形成客体恒常性，但是这些力量的表达被她尽责的角色、对严格母亲的内化和对父亲的羞耻感限制住了。

她学业出色，但为了照顾母亲放弃了自己的职业目标。22 岁时，她结婚了，嫁了一个实现了她没有实现的教育抱负的男人。尽管表面上看起来十分般配，但她的婚姻还是举步维艰。丈夫的自恋饥渴迫使她调整自己的生活方式来迎合他的需求：放弃学业、放弃工作，创造一个稳定的家庭，培养情感成熟和学业成功的儿子们。她"选择"忽略她凭直觉知道的事实——丈夫的情感饥渴是无法满足的，因为早期剥夺造成的性格缺陷，他无法为她着想。否认和强迫性的防御造成的心理/身体代价是巨大的：心理上要放弃渴望得到丈夫尊重和支持的需求；身体上因为肠道痉挛要做剖腹手术。

格温的分析长达 7 年，最初的重点在于婚姻破裂导致的无法忍受的抑郁。在这段分析关系中，她的自尊有所恢复，她跟丈夫离婚了。当她没有那么崩溃、更有力量的时候，她的注意力开始转向内心的冲突。她的第一个梦揭示了她的核心冲突：

我丈夫回到我们的床上，他用胳膊搂着我，我感到他的重量越来越沉，我感到被保护着、被搂着，但又极度害怕。我惊恐地醒了过来。

她渴望被保护性地搂着，但又害怕因责任和无助而窒息。她把自己的恐慌和以下事实联系起来：尽管她尽职尽责地去做一个女儿和妻子，但她母亲

还真的因窒息而亡，丈夫因情感忽略和自恋饥渴扼杀了她的需求和他们的婚姻。因为能够信任和依赖她的分析师（她不需要自己分析自己），她逐渐允许自己信任自己的感受、流露自己的情感。悲伤在每天的以泪洗面中喷涌而出；暴怒、无助和自责的情感可以清晰地被表达出来。

几年后，格温中断了她的分析，重新开始她的职业。我把这个行为解释为：一个年轻人离开家去寻找自己；安全基地就在那里，我可以随时回来。在正性移情中，她把分析师体验为一个健康的母亲/忠诚的丈夫，她可以根据自己的需要离开，而不会给我们俩带来伤害。一年的分离有助于她修通"小红母鸡"的防御方式。她开始明白，尽职尽责对她而言意味着：愉快地顽强坚持，不能选择与母亲（她可能会死）或丈夫（婚姻将会失败）分开来满足自己的需要。后来她回到了分析，通常中断会引起分离焦虑，这给我们提供了对此进行解释的机会，并最终促进了她对自给自足的确信，提高了她承受丧失和悲伤的能力。

可以结束分析的信号变得越来越明显。丧失的哀伤现在解决了，她不再抑郁。随着拒认和否认的减少，她能够用语言来表达自己的感受，能够找到合适的方式满足自己的需求。当她主动和丈夫离婚后，她的自信和自尊增强了。在儿子的婚礼上，她感动地谈到了自己的理解：分离并不意味着丧失，在一段关系中关注自己的需求是可能的。理解了她在婚姻破裂中的贡献（一个消极攻击的尽心尽力的受害者角色），她对和重要他人的相互依赖的满意程度也提高了（"我的婚姻必须被摧毁，我无法承受伪装的代价，在某处，我有一个坚实的基本自体"）。现在，她可以无负担地和人竞争了（在梦中，她拧了另一个女人的鼻子，让她变得无能为力）。随着内疚、羞耻和愤怒的减少，她更能接受自己的局限、自我批评减少，通过结束分析这一过程她觉得自己已经做好了和人进行分离的准备了。

然而，计划结束分析引发了对即将发生的丧失的焦虑、悲伤和眼泪。竞争冲动、消极攻击的愤怒、嫉妒在终结阶段都得到解释。例如，当我质疑她在完成一个目标时的消极性时，她对我表达了愤怒（"你怎么敢让我不高兴，你应该让我感觉更开心才对"）。不同寻常的拖延付费也被解释为："如果你不是用不付账单这种非言语方式，而是用语言方式来表达对我收费需要（就像母亲需要被照顾一样）的愤怒，或许你可以更自由地离开我。"最后，她表达了失去分析师的感受："这是我有过的最亲密的关系之一，我们达到了我以前所不知道的沟通深度"，她承认了之前被抑制的同理心；"当我意识到自己对分析结束的感觉时，我想，对你而言，放弃一段长期的、如此亲密的关系也一定很困难。我希望你能为帮助了我而感到自豪和满足"。随着核心议题的重新处理，特别是关于尽职的女儿角色的冲突，格温的分析顺利结束。

然而，直到《小红母鸡》的座右铭在终结后被行动化，这种无意识幻想的深度和力量才变得清晰。她度过了一个愉快的假期，但她"觉得很孤单，没有人陪着我。有时候我会因为你不在那里而恨你"。我解释说："你担心的是，如果你没病的话我就不能陪你了，你就必须独自处理自己的情绪。"她为自己可以和家人朋友讨论问题感到很自豪，但是"我从未告诉任何人我结束分析的感受"。对此她惊呆了，"我不敢相信我又这么做了"。她对我们分离的反应就像对丈夫离开时的反应一样：她已经有三个月没有跟任何人说起这件事。这个行动化让我们可以追溯她和母亲、和丈夫、和现在的分析师的关系，在这些关系中，格温感受到了希望和兴奋，在生病之后可以允许自己享受，也可以逆转自己受限的尽职角色。

《小红母鸡》结尾处的类比——"她自己一个人把它都吃了"变得可以理解了。小红母鸡其实对总是要一个人做事感到非常生气。她承认，她在度假前唯一没有支付的账单就是我的最后一笔账单。我说她"已经吃了我的面包三个月了"。格温也可以接受一个理解：她的行为会激起别人的负面反应（我对她的延迟付费当然也会恼火）。当她体验到我接纳而没有惩罚她愤怒的嫉妒后，她开始觉察到自己在做一个孝顺女儿时，其实也有对母亲的攻击。她说："我知道我变了，我感受到了自己身上的变化。好吧，生活，我来了！"

研究片段：珍妮

珍妮，23岁，有一个3岁的女儿，在读本科二年级。她已经参加单亲妈妈这个项目 2 年了，共接受过三次访谈❶。在一个客观的研究量表中，珍妮的自主性得分很高。通过"研究"访谈，我们清楚地看到了她的自主性是如何发展出来的。在第一次访谈中，她以一种实事求是、情感充沛的方式讲述了自己的经历。她和一个"不负责任的"男人一起生活，一边坚持读书，一边全职工作来养活他们，后来她怀孕了。尽管困难重重，但她很有韧性，她辍学生下了孩子，而且自己母乳喂养。有 4 个月的时间她独自抚养孩子，靠领救济金过活。在孩子 1 岁时，她想，"我看不到我和我的孩子会有什么未来"。她找到了单亲妈妈的辅助项目，重新回到了学校。

在第二次访谈中，珍妮从头哭到尾，因为，"我不知道自己到底算一个多成熟的女人。我花很多时间来督促自己达到学业优秀，但是我在学业上做得越好，在家里做得就越差。要考一个 A，就意味着我得把孩子送到外公外婆家或找保姆。她跟我在一起的时候，我没法提供她需要的稳定和拥抱，她只能看电视，因为只有这样我才能学习。我告诉自己，我是对的，因为我正在创造未来，但我完全错过了当下"。珍妮在做妈妈和学业发展之间体验到了强烈的冲突。

到第三次访谈时，珍妮饱含情感地讨论了自己和女儿的成长，尽管还有矛盾和冲突。显然她很聪明（全优）、很坚毅、很智慧、很能适应环境。她的目标是攻读硕士学位，然后去贫困地区教书。珍妮是如何变成这样的，是什么促进了她的发展？

珍妮把自己被虐待、被忽略和丧失的经历描述成"始终一致的不一致"（consistantly-inconsistant）。她小时候家里暴力不断，缺吃少穿。她的父母都是"瘾君子"，两个人在她 3 岁时分居了。直到 7 岁她才再次见到父亲。同年，她被送到了寄养中心，从 7 岁到 18 岁，她上过 7 所学校，在母亲和

---

❶ 我使用了本质上还是精神分析方法的访谈来研究她们的个人和家庭史，我着重倾听她们的潜在动机、依恋模式，尤其是母女关系、性格防御和应对风格。为了促进我和珍妮对她内在自体的理解，我会给予半解释性的评论。这种方法类似于卡特赖特（Cartwright, 2004）所描述的"精神分析研究访谈"。参与者被告知访谈的具体主题，以方便提供与主题相关的联想（有意识的和无意识的）。其他研究者，斯图尔特在她的研究《工作和女性成熟：一项精神分析的研究》（Stuart, 2007）和坎特罗威茨在她的研究《病人与分析的匹配》（Kantrowitz, 1997）中也使用过类似的方法。

寄养父母之间辗转了 13 次。

　　珍妮的母亲在 15 岁时生下了第一个孩子，在 21 岁时生了珍妮，之后又和不同的男人生了 3 个男孩。这些孩子平时待在寄养中心，周末和妈妈待在一起（根据描述，妈妈完全生活在自己的世界里，没有能力抚养孩子）。孩子们或被锁在家里，或被锁在院子里，珍妮经常去酒吧找妈妈拿钥匙并照顾家庭。根据她的描述，养父母很有爱心、很会关心人、善于倾听，但是是非常严格和坚定的原教旨主义宗教信徒。珍妮的故事的中心是，她是一个照顾者的角色，照顾自己、弟弟、男友、女儿，以及项目中其他的单亲妈妈。目前，她成功地为寄养儿童举办了一次夏令营，照顾者的角色发挥得淋漓尽致。

　　珍妮对生母有一种负性认同，她的生母在身心两方面都深深地伤害了她。她问："我生气吗？不，因为我也学会了什么不该做，在照顾弟弟们时也学到很多。我为我的妈妈，为所有像我、像我的兄弟们的孩子而感到难过。所以，我对寄养儿童很有感情。"虽然和父亲一直分开，但她后来发展了一种情感疏离的关系，并对父亲产生了一些正性认同。就像她说的："我很钦佩他的做法，抛妻弃子去戒毒非常困难。如果他不走，我觉得以他当时的状态，家里可能会发生不好的事情。"珍妮的养母是一位全职妈妈，循规蹈矩，悉心照料家庭，她教会了珍妮正常生活的框架和关爱支持的价值。她的养父也很严格，但可以接受别人。他们"非常笃信宗教，因此总会不自觉地控制我，但他们的意图是好的。"她意识到她"需要把自己从父母的信仰中分离出来，成为一个独立的个体。在我的两对父母之间，我找到了一种平衡：我想成为哪样的父母"。珍妮用负性认同和正性认同的方式来区分自己和父母的模式，并且似乎已经取得了一定程度的自主性。

　　珍妮有一个"安全的"内在工作模式（如依恋量表所显示的那样），鉴于她"始终一致的不一致"的生活背景，这一点真的是来之不易。作为一个寄养儿童，她很想知道她为什么没有被领养——她有什么问题吗？她在学校刻苦学习，体育、音乐、艺术也不落下，她想让自己被人接受、被人爱、有人爱。她为养育孩子和学业之间的冲突感到内疚、自责和愤怒，但同时也在努力应对而非否认一边追求学业一边抚养孩子的矛盾感受。她也在努力满足自己想和一个男人在一起的女性需求。她和更有责任感的男人建立关系的能力也在增强，处理伤害性分手的能力也有提升，但她还没有准备好做出承诺。目前，她只想维持一种可以互相支持的友谊关系。在我们的访谈中，她可以给予也可以接受，她可以使用我们提供的半解释性评论进行自我反思。

从精神分析的角度来理解珍妮的发展、考虑她的心理构成很有必要，因为这影响了她的自主性发展的进程。珍妮拥有多种力量，这让研究人员把她归类为一个有内在依恋模式的韧性女人。弗洛伊德（Freud，1924c）认为，当害怕失去客体和客体的爱时，焦虑就出现了；后来他认识到了母婴纽带对后续客体关系的重要性。珍妮经历过丧失父母和被母亲拒绝。她经历过因外部环境而产生的焦虑和抑郁（对她的适应性防御策略而言，压力太大了）。她有支持性的养父母，生活环境井井有条，她证明了自己的价值和可爱，她可以用自己的才智取得学业上的发展，由此在早期就发展出了足智多谋和富有韧性的品格。她有两个母性模型：正性的（养母）和负性的（生母）。

鲍尔萨姆（Balsam，2000）描述了内化的主体体验，着重于女儿在面对成为母亲的挑战时的内心世界。珍妮从她的养母身上学会了照顾他人，而不像她的生母，她承担起了照顾别人的责任。她很早就失去了父亲，但父亲并没有虐待她，她意识到自己跟男性建立性关系的过程虽然很艰难但也是可能的。珍妮处理她对孩子的矛盾心理的能力显示了她的母性和女性能力的增长。尽管经历了身体疾病、女儿严重哮喘、恋爱关系破裂、母亲身份和追求成就之间的明显冲突，但珍妮在不失去自我价值的情况下降低了标准（少了一些严格的超我），确定了更现实的目标。

讨论

如诸多学者一样，瓦利恩特（Vaillant，2005）强调，防御可以是适应良好的，也可以是适应不良的。这里的两个案例很好地说明了这一点。和格温一样，珍妮最初的不良防御从表面上看是适应当时的情境的。通过反向形成（自己希望被照顾的时候反而去照顾别人），她把自己的需求放在一边，反而去做兄弟们的妈妈。这种防御的残留体现在她要照顾女儿和完成学业目标的冲突上。随着她母性能力的增长,她的不良防御进一步升华(寄养儿童的夏令营)。和参与研究的 60 位其他女人中的许多人一样,母亲身份的确让珍妮陷入了内心的混乱,但同时也提供了转变的机会。鉴于她们的创伤经历和艰难的社会经济状况,其中的很多女性不得不在不同的程度上使用不同的防御机制,以发展自主的自体,这贯穿她们为人母为女人的整个过程。塔德关注了这一过程:

> 为人父母,尤其是为人母,是人类经验中最为普通又最为有力的转型之一。最近的临床证据显示,女人在孕期经历的身体和心理转型对产后的母子关系有深远的影响。孩子出生后,新妈妈继续经历一系列转型,因为小婴儿开始显示出他们自己的发展自主性。(Trad,1990:341)

这两位女性的自主自体是逐渐形成的❶。通过分析关系(移情解释和对女性分析师的认同),格温从特有的假性独立发展到最终认识到她自己的需求与愿望和其他人的需求与愿望同等重要。通过接纳母性的责任,认可她自己和她的孩子的需求,珍妮取得了成长。格温,在人到中年之际,通过分析自己的不良防御方式(拒认、合理化和反向形成),为自我实现的适应策略(亲和和自我观察)腾出了空间,让虚假自我得以发展成真正的自主性。珍妮可能不会有机会接受分析,但是鉴于她只有 23 岁,她的不良防御还未根深蒂固,她仍然可以通过教育获得一个促进自我发展的机会。

那么,女性的独立自主自体如何和弗洛伊德的"女性气质"概念兼容呢?

1933 年弗洛伊德的关注点仍然是性心理发展。他对女性发展的其他方面的唯一认可是"一个女人从其他方面看也是一个真正的人"(Freud,1933:135)。这样的话,格温和珍妮只要在性别认同、性别角色认同、客体选择和行为方面都是异性恋就足够了。自主自体不依赖于人的性心理发展

---

❶ 精神分析性的理解以客体关系为基础,强调依恋理论。

的倾向或性质。正如生理性别和心理性别有一个矛盾的多维结构（Harris，1991），自主性也是复杂的、个性化的，与所有性取向类型的男性和女性息息相关。自主性像性欲一样，会受到对父母的认同和不认同的影响。如霍多罗夫（Chodorow，2000：338）所认为的那样："内在世界和自体感是在发展过程中形成的，主要通过母婴的无意识交流来实现。"尽管有正性的母性认同，但格温和珍妮的问题都始于早期的生活创伤和母女关系中的剥夺。与弗洛伊德的认识一致的是，女孩对母亲的依恋会产生持久的影响，从萨瑟兰和温尼科特的观点来看，她们的问题在于母亲"必要的共情性回应的匮乏"，两个女人都发展出相似的性格防御——牺牲自我，照顾他人。当照料者这种防御机制瓦解之后，两个女人开始享受她们的活力和母性潜能，而且她们都解放了，可以享受幻想的满足：旅行（格温）和教育（珍妮）。两者都不像她们的母亲——格温的母亲很被动、依赖和孱弱，珍妮的妈妈是忽略和虐待她的。关系中的问题源于对匮乏性男人（情感饥渴的丈夫和不负责任的男朋友）的服从，但正性的父亲认同促进了自我肯定。尽快弗洛伊德无法"追踪女性气质在青春期到成熟期的发展"（Freud，1933：131），但他打开了解释女性其他方面的窗口——这里指的是自主性。

那么"自主性和女性成熟"的联结可以为当代的精神分析女性发展理论带来什么？

通常，在精神分析思想中，独立和自主性是混为一谈的，依赖作为自主性的一个面向被排除在外。其挑战在于，要进一步深化这些相关的精神分析概念，并认识到依赖性和自主性并非完全不兼容，独立也不等于自主性。恶劣的环境迫使格温和珍妮独立生活。真正的自主性和内在的独立感、完整感有关——这是女性发展自信的能力，不管她是否有恋爱关系或是否身处理想的环境。艾克塔（Akhtar，1999）认为基本的心理需求包括身份、认可、肯定、人际间和内在的界限、最优的可用性和所爱对象的弹性的回应。这些需求都凸显了自主性是与关系中的相互依赖有关的。

自主性既是内在的，也是主体间的。总之，真正的自主性最终必须包括互惠互利的关系：以个体化的形式去爱的能力。格温曾有过爱、养过家，现在正在期待一个更圆满的第二春，她目前在儿子、学生和年轻人身上找到了创生性身份。珍妮在提高了照顾自己和照顾孩子的能力之后，正在重新定义和开始寻找更有责任感的男人。本杰明（Benjamin，1995）的自主性观点为我们的信条提供了更多的支撑，如果没有互惠互利的依恋——承认自己的需求，同时也承认他人需求，真正的自主性是不可能实现的。

互相认可这一概念中包括了自主性——或者更确切地说，保留和转化了自主性，自主性是个体分化的一个方面，体现了两个主体之间既独立又依赖的必要张力。拒绝承认自主性，可能会让我们误入歧途或自相矛盾，因为它否定了一个事实，即我们都需要去面对、去接纳他人的独立性和不可知性（Benjamin，1995：22）。

分析师的性别内隐理论

埃米尔斯·迪奥·布雷赫曼❶（Emilce Dio Bleichmar）

在长达 20 年的时间里，精神分析的文献中出现了很多关于性别的研究。然而，我们发现，即使到今天，它的理论概念和临床应用都不清晰。虽然弗洛伊德在当时就想知道"女人想要什么"，但直到 21 世纪的今天，女性气质和女性性欲仍然是一个谜。

与性别概念相关的几个问题：原初女性气质、阉割情结或阴茎嫉羡的位置以及母性对女性主体性的重要性，已被诸多学者广泛讨论过（Benjamin，2004；Elise，1997，1998a；Fast，1990；Fritsch et al.，2001；Kulish，2000；Lasky，2000；Mayer，1995；Richards，1996；Torok，1979；Tyson，1982）。迈斯纳（Meissner，2005）指出，我们对这些问题的思考已经经历了很大的变化，我们可能正在接近一种更全面、更有意义的理解。尽管，学术界接受了当代女性发展的观点，但是许多学者发现要在临床情境中完全吸收这些观点是十分困难的（Fritsch et al.，2001；Lax，1995）。

我一直在研究弗洛伊德的原初女性气质概念和当代性别观之间的关系（Dio Bleichmar，1991，1992，1995，2002，2006，2008），在这个过程中我也遇到了很多困难，很难接受两者之间的紧密关系。其中的一个问题是，原初女性气质是指一种对自体的女性化建构，还是指一种具体源于女性身体

---

❶ 埃米尔斯·迪奥·布雷赫曼：马德里自治大学精神分析原则和发展（Principles and Developments in Psychoanalysis）项目的博士，是阿根廷精神分析协会和 IPA 的会员，是《儿童及其家庭的临床精神分析心理治疗》研究生课程的主任和教授，她与雨果·布莱奇马尔（Hugo Belichmar）在马德里共同创立了精神分析心理治疗论坛，并担任该论坛的副主席。

的自体感。埃莉斯（Elise）建议我们应该从女性身体中衍生出"女性感"（sense of femaleness）这个词，并保留"原初女性气质"这个词，用来指代女性的性别认同和身份。但是，她观察到，"女性的基本意识在现实中永远无法与性别的社会意义分开"（Elise，1997：514）。通过引入"性别的社会意义"这个观点，我相信我已经找到了精神分析在理论理解和临床应用这一建构时为何如此困难的一个原因，这个观点对女性主体性而言非常重要，而且比较符合当今的时代。我指的是占了精神分析圈里很大比重的内隐理论，这种理论认为用"性别的社会意义"来讨论精神分析理论的发展观，尤其是女性的发展，是十分奇怪的。

在此，我认为，为了阐明性别和女性性欲的关系，我们应该借鉴盎格鲁-撒克逊文学和法国文学中关于自体和性欲的主体建构理论来观察当代精神分析的发展。这意味着二分法思维的重要变化：生理性别和心理性别、女性气质/男性气质、阉割的严格二元编码、是/否阳具逻辑论、有/无，正如拉普朗什在《心理性别、生理性别和性欲》（*Gender，Sex and Sexuality*）（Jean Laplanche，2007）中所描述的那样。

我将在本节首先回顾一下几位学者的理论主张，他们认为发展的过程是主体间性（intersubjective）的而非个人可以完成的（Beebe，Rustin，Sorter & Knoublauch，2005；Lyons-Ruth，1999；Siegel，2001）；我会更详细地描述母亲表征在女性气质构成中的多重性和多样性，我还将使用一些临床案例来说明一个对照差异：小女孩有意识和无意识地把母亲表征成自体模型与把母亲表征为俄狄浦斯的竞争对手。所有的临床案例都支持自体和性欲的复杂和多重模型，均指向一个特定的、与他人有接触点的主体性；尽管它们可能在我们的文化中是非常典型的，但在其他文化中却不一定如此。

生理性别、心理性别和性欲

我将借用露丝·斯坦（Ruth Stein）在介绍拉普朗什的最后一部作品时所说的话来开始我的理论综述：

> 在一篇阐明美国女性主义和精神分析理论重要问题的思考中，拉普朗什分析并区分了三个相互关联的词汇：心理性别、生理性别和性欲或所谓的婴儿性欲（infantile sexuality）……这篇论文中不亚于"性欲"这一词的亮点莫过于一位法国分析师对"心理性别"（gender）的使用，他立即对当代美国人的思维方式表示了赞同。（Stein，2007：177）

拉普朗什在他的论文中写道："性别是多元的。它通常是双重的，即男性的/女性的，但这并非它的本质。从语言学和社会进化史来看，它通常是多元的"（Laplanche，2007：201）；然后他追溯了它在儿童期和成年期的出现顺序：先有性别，再有性欲；他认为社会因素显然先于生物学因素。这意味着什么呢？1955年，约翰·莫尼（John Money）提出"心理性别"（gender）一词，以此来指定医生、父母、市政厅、教堂等对婴儿的性别进行分配的过程（assignment process），以及那些分配婴儿名字和父母身份的宣言。"它是男孩！它是女孩！"这个声明因此引发了一系列的、二分性的响应运动链，从摇篮和衣服是蓝色的还是粉色的，人称代词使用的是他还是她，到身边人际交流的不同行为方式，到主体在与他人相遇时的拥抱方式，日复一日，从生到死（Money & Ehrhardt，1972）。罗伯特·斯托勒（Robert Stoller，1968a）为精神分析引入了一位新生儿专家强调的概念，即他者在性别身份构成中的作用。40年后，拉普朗什也想强调，这个分配不是点对点的，也不限于一个单一的行动；它是一组渗透到家庭环境中的重要语言和行为的行动集合。他者的首要地位、成人和语言，对莫尼和拉普朗什来说是性别概念的共同要素。拉普朗什如是说："我们可以谈论一个进行中的分配或一个实际的规定（prescription）。规定的意思就是我们日常所说的'规定性'信息，先是次序，再是信息，实际上是轰炸式的信息。"（Laplanche，2007：213）我认为这里最重要的顺序是："分配发生在象征化之前。"（Laplanche，2007：219）

这个建构人类后代的视角将儿童呈放在成人的面前，接受他们对自体的各种定义、愿望、期许和要求——作为一个男孩/女孩该做什么/不该做什么——当然还有其他要求。用拉普朗什的话说,"用这种次序谈论一个小小人类就是把性别放在了第一位"(Laplanche,2007:212)。同时,他还强调儿童/成人这个组合不能被认为是一个人(儿童)继承了另一个人(成人),而应该是一个人(儿童)在另一个人(成人)面前发现了自己。

在这句话中,拉普朗什(Laplanche,1992,1997)把性别这个概念添加到了自己的"他者在人类发展中的首要地位"的理论之中,当他陈述说性别不仅仅是在依恋关系和抚养行为的信息交换中建构的,性别还是多元的,不拘泥于任何固化的编码,诸如被动性/主动性,他还拉近了与美国关系精神分析理论和立场的距离,他提出一个迫切的需求,要寻找"一些更灵活、更多元、更矛盾的象征化模型以呼应当代的审问"(Laplanche,2007:218)。杰茜卡·本杰明(Jessica Benjamin,1988,2004)、缪丽尔·迪曼(Muriel Dimen,1991)、弗吉尼娅·戈德纳(Virginia Goldner,1991)和艾德丽安·哈里斯(Adrienne Harris,1991)等诸多美国精神分析师,均用复杂论对性别的不透明性、密集编织和模糊性,以及二元的、区分的分配危险等议题进行了探讨。

文献回顾表明,大量的学者均明白,性别身份包括了儿童在有两性差异概念之前,形成的那些关于父母身体分化的表征(Dio Bleichmar,1991,1997;Elise,1997;Fast,1979;Mayer,1995;Person & Ovesey,1983;Stoller,1976;Tyson,1982,1994)。另外还有一些研究来自于对早期发育的直接观察(Coates,2006;de Marneffe,1997;Roiphe & Galenson,1981)。从主体性来看,我们不能说,儿童在密切感知、理解和体验生理性别的时候可以把它和心理性别分别看待或区分开,所以对原初女性气质到底是自体的女性化建构还是一种源于女性身体的自体感的疑惑和讨论似乎已经被澄清。小女孩知道,她的身体是和妈妈的一样,和爸爸的不一样,也就是说,她有关于自己女性身体的表征,这些表征是通过原初认同形成的(Dio Bleichmar,1997)。

在人类发展的主体间性范式中(Lyons-Ruth,1999,2006),发展中的认同概念变得越来越复杂,因为它发生在亲密关系之间。拉普朗什也加入了这个理论转向,他指出,"分配或'与……认同'彻底改变了认同的矢量",

他表明，如果我们把原初认同理解成一些儿童从成人那里生成的东西，"在这里，我觉得有一种方法可以摆脱弗洛伊德引来如此之多思考和讨论的美丽规划"。具有讽刺意味的是，拉普朗什提出了用个人史前史的父亲来解决原初认同之谜，其突出之处在于它的清晰和简洁："不是'与……认同'（identification with），而是'被……认同'（identification by）。"（Laplanche，2007：214）因而，小女孩不仅仅是认同了她的母亲，而且也会被母亲认同成一个女孩，听到自己被称为"她"，就像她经常听到人们对她妈妈的称呼一样，而且小女孩也会被她的父亲认同并称为"她"，这和父亲的人称代词"他"是不同的。莫尼（Money，1988）对这个双向过程做了一个重要补充，他强调：在对相同性——母亲和女儿之间——互相认同的同时，对差异性的互相认同，也在发生，即女孩是和父亲不同的，父亲也把她认同为一个和自己不同的人。

性别的核心理念是，男孩和女孩一样，都会分别识别和认同自己的父亲和母亲，同时，也会被父亲和母亲识别并认同成一个男孩或女孩——与自己相同或不同。这个理念的基础是主体间性的结构，它从出生到成年期一直建构着女性气质和男性气质，因为男性特征和女性特征在心理上是开放的，这个身份也会随生活而改变，正如我们在20世纪所看到的那样。认同的过程很早就开始了，就像弗洛伊德在原初认同的概念中所规划的那样，但是这个过程是由成人发起并维持的，随后才是人类的后代发起对母亲的女性气质的主动认同过程。那么母亲的女性气质是什么？她的性别、姿势、体型和人际交往方式。所以，我们要重点强调的是，不要试图把身体表征和认同区分为不同的过程，因为沟通是发生在依恋关系之间的：

因为沟通的传递，不仅仅是通过身体语言，还包括社会编码、那些体现了性别分配的信息，以及孩子身边的成人包括父母、祖父母和兄弟姐妹所提供的一切信息，他们的幻想、他们的无意识或前意识期待。这个领域，也就是父母与他们子女之间的无意识关系，最终还没有得到充分的探索。（Laplanche，2007：215）

性别的主体间性——性别的社会意义——在发展过程中是一个恒量，因为父母关于男性和女性的表征既包含在亲子的互动模式中，也包含在这对夫妻相处的方式中。其核心在于孩子对一段关系而非一个人物的理解，因此，当孩子认同他们的母亲时，他们内化的身份核心是他们的母亲和他们的父亲所代表的关系（Diamond，2004）。

因此，女孩对父亲或母亲的认同不仅仅只适用于俄狄浦斯情结，即把父亲视为性对象和把母亲视为竞争对手，或者说这其实是把父母视为一对性伴侣，她对父母的认同还包括了对他们作为男人和女人的日常行事方式，即对他们性别的认同，这是一个更宽泛的和一般意义上的男性气质和女性气质。

在这个简短的理论综述中，还有最后一点要说明的是，大批学者都认同和欣赏从主体间性的视角来考虑当代精神分析性别观的重要意义，但是，我们临床工作的技术干预却很滞后。拉普朗什说：

> 在临床精神分析中，通常来说，我们一开始就会不假思索地谈到"观察"："病人是一个30岁的男人或19岁的女人，诸如此类。"我们应该在一开始就把性别视为一个不冲突的、不需要思考的议题吗？ （Laplanche，2007：210）

许多妈妈的女性自体和内在系统冲突

图1　图2　图3　图4　图5　图6

图1　（马法尔达的弟弟）："嘿，外面有个人。"

图2 （销售员）:"下午好，小姑娘，你妈妈在家吗？"

（马法尔达）:"看情况。你说的是哪一个？"

图3 （销售员）:"'哪一个'是什么意思？你到底有几个妈妈？"

图4 （马法尔达）:"一个是我全心全意喜欢的……一个是天天逼我喝汤的……一个是会保护我的……一个是愿意待在家里的……一个是房奴……一个……"

图5 （妈妈）:"马法尔达，是谁来了？"

图6 （马法尔达）:"是一个卖'只有一个妈妈的东西'的销售员。"

马法尔达（Mafalda）的漫画幽默地指出了一个关于妈妈的普遍的悖论：虽是同一个人，但每个人的意义和价值在一生中会有很多改变，尤其是对女人而言。妈妈的形象包括了我们最早依赖的客体和无所不能的超人，这些形象的存在是有道理的，因为妈妈的功能就是保存"异质性"（hetero-conservation），从她这里孩子可以发展依恋，可以形成情感生活的基础——还是这同一个人，通过亲密的关系，她传播了最多的"神秘的"性信息，建立了组织超我的公共生活规则，因为她和父亲有特殊的关系，她又会受到小女孩的崇拜和嫉妒，她的价值是积极的还是消极的，取决于她是如何发挥、扩展和协调她的母性角色和其他功能的。

和同一个人的不同关系以及多重认同对一个女孩和女人的主体性有不同的价值——那些会组织女人自体的所有的母亲表征，在分析开始之后，都会通过移情的方式展现在我们面前。当我们谈到母亲的形象，即使是套用克莱茵的关于好/坏乳房的版本，我们也要思考我们在讨论的是哪一个母亲，或者说，是与母亲多重关系中的哪一面/哪一个属性，它们后来成为自体的组成部分，在治疗中我们该如何区分和分析这些部分才能给她们带来最佳的转变呢？我们该如何审视母亲的性别对女儿的性别形成和她的性欲发展的影响呢？我们该在多大程度上思考母亲在养育中给女儿传递的信息和这种成人对女孩或女人的认同呢？同样，这个关于父母和孩子的无意识关系的领域还没得到充分探索。

母亲：作为俄狄浦斯期的竞争对手

临床片段 1

一位事业有成的 35 岁已婚女性，因为多种躯体化症状寻求分析，直到现在她才开始表示一些自己对生孩子的顾虑。她经常抨击那些工作效率低下的同事，只有一位女士例外，她没有孩子。但是在一个聚会上，她看到这位同事和丈夫十分恩爱。她猜想这位女士怀孕了，她对此感到很嫉妒、被背叛和很愤怒，但是她无法理解原因。在分析中她终于说出，她就要成为最后一个没生孩子的人了，而且是有生以来第一次，她为自己从来没考虑过做妈妈而感到糟糕透顶。

如果我们从经典精神分析的视角来看这个片段，一位 35 岁、已婚、从来没想过当妈妈的女性，当她看到一对夫妻很恩爱的时候感到羡慕、嫉妒和被背叛，我们会想到未解决的俄狄浦斯情结（Glocer Fiorini，2001b）。如果我们的出发点是她女性气质中固有的一种性别冲突、她在考虑做母亲后发展和维持职业生涯的困难，我们可能把相关的问题理解成自我理想系统内的冲突。这意味着，在这个冲突中母亲是作为一种女性的模型，而不是作为一个三角俄狄浦斯情结中的竞争对手。她的很多记忆中都有这样一个女人形象：她没有其他的生活，只有家庭和女儿、怨气冲天、身体抱恙，她怀疑自己是否也会被锁在一个"病床"上。当这位病人理解了她是如何、因何而拒绝做妈妈、否认其他女性（比如自己的分析师）的经历时，她感觉到如释重负。

如果我们把她的"母亲形象"（即一个生病的母亲）理解成她的恶性竞争心的表征，这可能会让那些不愿意复制这种模型的女性对于抛弃母亲而心怀内疚，就像这个病人的临床材料所显示的那样，她似乎在通过回忆表达，当她的妈妈躺在病床上时，她是不能离开房子的。和妈妈的多种关系类型，如婴儿期的依恋关系、自我保存的依赖关系、情感和情绪的纽带关系、斗争和竞争的关系等，这些在无意识里都重叠在一起、在一个人身上，因为你只有一个妈妈，当然其带来的结果就是同一个人成为不同的内在客体或形成不同的表征，但是当她开始要和母亲代表的女性气质模型分化时，这会带来让人不快的结果，因为分化被看成是分离和破裂。

如果母性的表征总是被理解为一个俄狄浦斯期的竞争对手，那么母亲作为一个同性别的家庭成员和作为一个女性气质的模型这两个角色就被抛之脑后了，这样的表征剔除了多重的认知能力、指导能力或享乐能力，限制了对母性人物的多重认同（Lombardi，1998）。

母亲：作为限制性欲的表征

把母亲理解成让人羡慕、嫉妒、恨的父亲的性伴侣，这其实是小女孩在儿童期的想象，很快青春期或成年女性就会发现这种评价是多么不真实或不全面，因为那么多的已婚女性的性生活实际上充满了焦虑、困难和限制，即便是我们这一代人也是如此。还是同一位病人，她在回忆过去时，经常会反思母亲对她个人生活和性生活的限制："每当我出门的时候，我都感觉自己亏欠她；也许她在想，'在我生病并且需要她照顾的时候，她怎么能出去跳舞或跟朋友聚会呢？'"可以理解的是，这位病人可能没有强烈要做妈妈的愿望，而且她可能还会因为分析师过着和她不同的生活而感到解脱，这和她的妈妈不同，她妈妈的世界里只有女儿和怨言。

希腊和罗马的神话，以及现代工厂根据神话故事所制作的出版物和影视作品，都将女人视为性快乐的主要象征。女人成了男人性刺激最强大的象征物，但女人主体性的现状却是一地鸡毛。我们理所当然地认为，原始场景在成年女性的无意识生活中已经发生了改变，但是在临床工作中，我们听到那么多的女人抱怨：没有性高潮、对性行为感到内疚、有被迫害的体验或躯体问题，或者已经很长时间没有性生活了。"我印象中没有看到我妈妈和爸爸或者其他男人有过性接触。""她在床上跟我和爸爸分享的都是她的痛苦。""我爸爸有其他的情人和性伴侣；我妈妈只是一个妈妈、一个家庭主妇，而非一个女人。"这些陈述——不管是否符合现实——都表明母亲没有被表征为一个让人嫉妒和憎恨的俄狄浦斯期竞争对手，而是被表征为一个被贬低的没有性吸引力的女人，这种现象在女人的主体性中十分常见，关于这种矛盾和困惑的典型表征莫过于宗教中的处女母亲形象。

作为依恋对象的母亲以及分离-分化过程的变迁

区分"和母亲的关系"与"和作为性别模型的母亲的关系",可以保存母亲作为一个安全依恋对象的表征,但是这样的话,母亲提供的女性气质模型就没有办法被复制。

临床片段 2

一位 40 岁的女性在决定不要孩子后,却选择了和一位女性分析师(第一位分析师是男性)开始了第二段分析,因为她现在怀疑她的决定。分析显示,她担心做妈妈会有生命危险,因为她的妈妈患有一种自体免疫性疾病(她坚信她是在第一次怀孕时得病的),这导致她"一天到晚病怏怏的"。她的母亲有个意义重大的梦:梦中先是一副玛利亚和孩子在一起的甜美画面,突然这位处女穿得破破烂烂,面部的表情十分痛苦,而画家就站在那里观察,身边站着的是孩子。她的联想让我的病人认为父亲从来没有保护过母亲,由此对父亲十分憎恨,同样她也憎恨母亲,因为她还添油加醋说她受不了"受苦的女性"。

一个对做妈妈有强烈冲突的女人,选择一位女性分析师,这通常被理解为"带有浓郁的前俄狄浦斯期色彩的母性移情"。综合了其中省略和加工的过程,我认为这个梦显示了母性=神圣这一公式背后隐藏的东西,即无助、孤独和那些会让女性在生儿育女过程中生病的各种情绪负担。

然而,从经典的角度来看,这个梦可以被理解成一个女孩在依恋关系中体验到的东西:她的被抛弃感、挫败感和现在表现出来的恨,因为分析师不能让她免受痛苦,还在周末或度假时抛弃她。这意味着,尽管分析师承认,她的主体性里的一些东西可以对应到体验的、历史的现实中,但要解释她当下的愤怒和憎恨情绪、她努力想做一个"不受苦"的小女孩的部分,还需要我们把分析的中心放在病人可能的早期创伤经历对她回避做妈妈的影响上。然而,如果我们来看看她对"受苦的女人"的评论和关于一个画家的梦,这个主题在诸多版本的《玛丽亚和孩子》（Madonna and Child）中很常见，我们或者可以拓展我们理解的范围，探讨一些和受苦受难无关的其他意义。除了妈妈的疾病，我们可以探究她是否对妈妈的痛苦或其他女性的痛苦有其他的想法或幻想，这可能和做妈妈这一生理现实没有直接的关系，相反，却与妈妈和男人或她的父亲之间的关系有关。如果是这样的话，我们可以把它视为让母亲受难的除了真实疾病之外的另一个原因，然后我们就会理解，让很多女性害怕的性别议题不仅仅是关于做妈妈的，还有和男性之间的迫害性关系，这种关系其实是因为男性对空洞的恐惧和不会关爱女性。这将意味着我们需要离开"前俄狄浦斯期的关系是女人和母亲的基本冲突"这个中心，把中心转移到女性的性别场景之上：她们观察到的、评价的、重视的、让她们快乐的或悲伤的生活场景或者还有一些场景让她们心生恐惧，害怕自己也会过那样的生活——在这些时刻她们都在有意识或无意识地偏离那个女性气质模型（这个模型通常的表征就是《玛利亚和孩子》中的圣母）。

区分"和母亲的关系"与"和作为性别模型的母亲的关系"，可以保存母亲作为一种安全的依恋对象的表征，但是这样的话，母亲提供的女性气质模型就没有办法被复制，就像这个案例中的病人，她实际上和妈妈的关系十分紧密，而妈妈还是能够给女儿提供足够的关心和一段充满爱意的关系。梦中"穿得破破烂烂的母亲"更多的是指母亲因婚姻受挫而产生的痛苦阴影，而不是病人体验到的无助部分。认为不需要区分关系世界中的冲突和女性自体结构中的内在冲突的偏见，将会把对问题的理解引到未完成的分离-个体化的过程，如此分析师便会在反移情中扮演一个他者，把女儿和母亲分开，让她能够接近自己的欲望——在这种情况下，这个欲望是一个孩子的欲望。正如卡伦·莱昂斯·露丝（Karlen Lyons-Ruth，1991）在修改马勒（Mahler）的阶段理论时所区分的那样，孩子不需要通过分离来实现个性化，更不用说在他们 24~36 个月大的时候了；他们需要的是在保留关系的同时转换早期的依恋。为了保留这种关系，对女性而言，十分重要的是去区分作为女性气质模型的母亲与作为依恋和关爱对象的母亲，她们倾向于拒绝母亲的女性气质部分，因为这远远超出了她们的自我理想范围，而母亲作为安全依恋的部分则可以允许她们不放弃母亲，继续爱她。

另一种聚焦在前俄狄浦斯退行假设的理论模型认为，她对母亲有一些特别的需求或占有，是因为她对俄狄浦斯期的失望而产生的深度退行。俄狄浦斯期的失望指的是什么呢？这种内隐的理论认为，唯一的解释就是她们丧失了阳具的欲望，变成了一个被阉割的女人。另一种理论则给我们提供了不同的理解，俄狄浦斯的失望触及了传统女性气质模型的控制，即：必须为他人奉献一生和由此而导致全身病痛。

被她内化的病秧子母亲可能代表了一个相反的女人形象，即那个让她嫉妒的、和父亲有性关系的女性部分，也代表了她在取得性器期成功之后的一个产物，即一个贬值的人的刻板印象，这种贬值感跟她的自体感和她母亲的自体感有关，也就是说，和女性的自身性别体验相关，而跟她和男性不管是父亲还是丈夫的关系没有关联。

今天的困境：女性气质模型的扩张还是阳具的胜利？

我们在跟女性病人工作的时候通常会把阳具象征物的出现解释为，她们使用阳具（作为一种补偿的幻觉）来支持她们战胜自己的母亲/分析师，以此来逃避嫉妒、丧失和哀悼的体验。下面我们来看一个特别漂亮、很有名望、已婚已育的女人的梦：

她正在指导一个女人做饭，那个女人很漂亮，是她老公的助理，她在整理各种尺寸的刀具，询问那个女人最长最大的刀在哪儿，她找不到了；于是那个女人就出去买，但是商店关门了。

对此，一种经典的解释可能是她比丈夫的漂亮助理更厉害，是个超级大厨：她"什么都知道"，这可以被理解成一个提示，即她把阳具作为一种补偿的幻觉来支持她战胜母亲/分析师，以此回避嫉妒、丧失和哀悼的体验。再一次，她和一个被贬低的性别表征区分开来——女人也可以是既有颜值又有才华、既出得了厅堂又下得了厨房，甚至是优于母亲的——被视为对母亲和分析师的攻击——这不是一个关于自体的合法欲望，而是一个基于阴茎嫉

羡而产生的阳具欲望，或者，如果我们用更仁慈的耳朵去听，还可以把它听做是一个混合的雌雄同体的自体形象。这是一种观点，我们也同意，但是还有另外一个角度，就是一个协调的自我集合，其中包括了自体的多个层面：情感的、家庭的、指导性的和聪慧的特点。

另外，如果我们把她的焦虑理解成她想砍下其他女人的头，这不是因为她的攻击性，而是因为她的能力和善良，那么我们该做出何种解释呢？无论她走到哪里，刀具都会变多变大，她的欲望提供了一个希望：能够找到一些不需要激烈竞争的场所。

一些分析学家持有这种内隐理论，他们认为个别女人的表现之所以不同于传统的女性气质，其原因在于这些女人更有能力掌控自己薄弱的女性气质，但这其实是一种可悲的讽刺："拥有一切"意味着她没有真正的实体和满足。换句话说，这些可以从当代视角被理解为女性性别身份扩张的部分，这个女性可以通过整合自己的男性化和女性化来拥有更多物质、追求更高目标这一事实，可能仍然体现了一种理论假设，即琼·里维埃（Joan Riviere）在 1929 年提出的假设：一个职业女性，即便是能享受和丈夫的闺房之乐，也能做一个贤妻良母，但在她的女性气质的伪装之中可能隐藏了她的阳具欲望（Dio Bleichmar，1997）。

作为一种伪装的女人味

在费伦奇（Ferenczi）发现的基础上——一些同性恋的男人倾向于通过夸大他们的异性恋性取向来保护自己的同性恋，琼·里维埃比较了一些生活中的女人：她们积极参与一些传统上属于男人的活动，她们强调自己的性活动，以抵御焦虑和避免她们害怕的男人会做出的报复。尽管她的研究集中在一个临床案例和两个日常生活片段，但是本文关注的重点在于她的观点：不以母性为主动动机的女性气质是虚假的，是在屏蔽对父亲/男人/分析师——所谓的知识合法拥有者们的攻击。

借用梅兰妮·克莱茵（Melanie Klein）的理论框架和欧内斯特·琼斯（Ernest Jones）对攻击性和前俄狄浦斯期的重视等观点，里维埃阐述了她的这篇文章。她预见了弗洛伊德后来在 1931～1932 年间所写的关于女性性欲和女性气质的文章；然而，他们的观点在很多方面非常相似，对女性主体性中的阳具—男性化成分的概念化、对问题的好奇心、对症状的理解，都是类似的。里维埃提出的模型和弗洛伊德的观点几乎完全一致：女人会因为自己不是男人而痛苦一生，因为她们被阉割的状态，因为她没有或缺失阳具；但同时这又是最让人好奇的地方，女性要摆脱自我存在中的内在困境、要发现足够的女性性欲，这一条最崎岖和最复杂的路径却恰恰栖居在她驱力里的过度的男性气质之中。无疑，这是女性命中之大不幸，总想成为自己不是的那个性别，总想追求自己所没有的东西，但这又注定是求而不得，不知女性气质到底为何物反而却因为它过多而备感痛苦。

里维埃对案例的描述从分类开始，然后是列举特征，最后是奇怪的反思：

> 我要面对的是一种特定类型的知识女性。不久以前，女性对知识的追求似乎只和一些明显的男性化的女性联系在一起，在多数情况下，她们不会隐藏自己想要做一个男人的愿望或主张。这种情况现在已经改变。对今天所有的职业女性而言，很难说她们的生活方式和性格是更女性化的。在大学里、科学界和商界，我们会经常碰到一些几乎满足完整的女性气质发展的每一个标准的女人。她们是贤妻，是良母，是能干的家庭主妇；她们有自己的社交生活和休闲文化；她们并不缺乏女人的兴趣，比如她们的个人形象，当亲朋好友有需要时，她们可以找到时间来扮演一个任劳任怨、无私奉献的"妈妈"的形象。与此同时，她们的职业表现至少不输于一般的男人。如何从心理上给这种类型的女人进行分类，这真的是一个难题。（Riviere，1929：303-304）

为什么需要这样的分类？为什么里维埃觉得在描述她的病人时，要把她放到一个属类中呢？这么做了之后发现不适用，于是她就面临一个疑问：她是一个真正的女人，还是她有点像男人？用今天的图式划分和分析层次来看，里维埃可能需要考虑话语、幻想、梦或移情，这些可能会透露出她心里对女性气质的犹豫或不一致，尽管她在社会行为或活动或其他方面没有表示出来。

为什么里维埃在面对一类女人的女性气质（她把这视为个别议题，而不是一个普遍的议题）时会觉得自己的精神分析概念工具不够用，为什么她还要坚持使用男性气质/女性气质这个标准配置呢？原因便是，这位女士的女性气质档案在她所处的时代——20世纪20年代后期——是不同寻常的，然后里维埃的问题就随之而来了。她的脑海中已经有一个清晰的女性气质/男性气质的内隐理论了：这个理论的基础是那些规定的或禁止的，或者关于一个性别拥有而另一个性别缺失的描述，这是一个标准化的规范，所以这里的分析师是从社会行为的基础出发来怀疑这位女士的女性气质是否纯正。那么结论是必然的，即使是克莱茵学派的分析师也没法从性别规范中解脱出来。

然而，里维埃并没有把分析的元素置于超越个别议题的分类性规范框架中：她相信并认为她的病人很难被归类成女人。让人震惊的是，在社会分类之后，里维埃继续描述病人是如何从心理学的视角来定义或呈现自己的：她似乎没有因是男人还是女人而感到困惑，而是坦率而不容置疑地把自己定义为女性化的。

因此，我们可以看到，里维埃使用的第一个试图清晰区分女性气质和男性气质的标准是就活动而言的：当女人占据了大学的讲堂或商业世界或职业领域时，她们不是抱怨和寻求帮助，相反，她们做的和男人同样出色，于是女性气质便受到了攻击，被非自然化了。如果这是在行为层面发生的，从心理学的角度——这是她认为她的分析所开展的层面——我们该怀疑这些女性的性别纯度吗？她们是真女人还是伪装的同性恋？在20世纪30年代，对男性化/女性化成分的问题理解除了驱力和阴茎嫉羡中心之外，没有任何其他途径。

这位成功的女人有什么问题呢？尽管她有着无可否认的出色表现、聪慧过人、实干能干、善于调动观众的兴趣和主持辩论，但是在公开演讲或主持会议、辩论结束之后，她会体验到一些焦虑，有时候甚至会极度紧张。这种焦虑表现为两种形式：①害怕犯错误或失礼（*faux pas*）；②有一种想与男人调情和引诱男人的冲动，她多少还比较谨慎——她在公开亮相之后表现出来的行为，和她在这些活动过程中表现出来的客观冷静形成了极大的反差。

我们需要详细检查一下她的症状：在 20 世纪 30 年代，女人有公共职务，在公开场合发表演说和主持辩论，并不断地体验到集体的评价，这种情况本身是如此的少见、陌生和有挑战，以至于我们可以欣然接受她对犯错误和失礼的担心。这似乎不是一种没有道理的恐惧，相反，可以说这是一种健康的现实判断，也表示她在努力保持良好表现。所有这些特点都表明，她的自我-超我-自我理想的心理机构具有高度的组织性。考虑到这个女人有引诱男人和取悦他们的需要，这其实是一种幻想的防御机制，她担心她的聪明才智可能会激起男人的报复之心，对此里维埃似乎有所理解，但却没有给予足够重视。她对父亲可能会报复她的恐惧被提供性服务的幻想所中和了。

我们看到，这种解释是基于她对某些来自父亲的东西的恐惧——用克莱茵的术语来说，这是她为争夺母亲而与父亲进行俄狄浦斯竞争的产物——成年后，她把这种恐惧投射到男人身上。在建构男人的迫害形象时，她没有考虑可能存在的双行道：他们或她的父亲可能会把她视为一个智力上的对手。

分析师对这一行为意义的解释，让这位病人记起她青春期时在美国南部居住时常有的一个有意识的幻想：一个非裔美国人想要攻击她，于是她就强迫他抱紧她和她做爱来自我防卫。这个年少时精心策划的记忆，以及病人当下的行为，让里维埃得出一个结论：这个女人在和男人秘密地竞争，她有强烈而隐秘的阉割及展示自己"阴茎"的愿望。在里维埃看来，病人的智力活动是她无意识的男性气质/同性恋的表达。从我们的角度来看，女性因在男性领域的成就而感到焦虑害怕、被迫害，这无疑是对她最圆满的女性气质的回应。关于她的绥靖政策；关于男性化-女性化关系的回归，即两性都回归到他们关系平稳、定位清晰的传统性别角色，定位也清晰，对于以上这两点，我们能找到其他的解释吗？

为什么一定要在一个清晰的性别差异的基础上回归到行为呢，这些性别差异早已被智力活动所消除了？原因在于一个事实，这位病人，像 20 世纪 30 年代的其他女人一样，实际上今天也有很多类似的女人，她们从事的工作在传统上只属于男人，她"知道"如果她干得好的话，她会引起男性观众的各种反应，从死寂的沉默到最深的愤慨，甚至还有各种形形色色的报复，这将取决于男人对他的职位在多大程度上感到安全，于是她总会质疑自己的女性气质。真正让人大跌眼镜的是，里维埃——她不是一个男人也不是一个有偏见的旁观者——她居然下了一个结论：这是对男性气质和女性气质的双重跨越。这位精神分析师，从意识形态和科学的合法语域中，都跟这位病人和男人们在思考这类女人时共谋了。

如果我们逆转分析的视角，这些片段就会以不同的方式组合。在 20 世纪 30 年代，一个有行政职位、要通过演讲来履行公共职能的女性，在面对社交风险时一定会产生这种心理后果。这个风险是什么？不仅仅是她的技术准备不够，那时的社会结构也没有——现在也还没——准备好接受女性候选人担任这些职务（女人通常只能旁听或借读），但是，更重要的是，她的模型不是一个女人而是一个男人。因此，她是在"一个异域"表演，实际上（*de facto*）还是篡位上台的。

琼·里维埃在解释中把它放到了显眼的前台：

> 在这样的伪装下，男人没有从她身上发现那些被偷的财产，那些必须攻击她才能取回的财产，而且他进一步发现她是一个很有吸引力的爱的对象。因此，她强迫的目的不仅仅是通过唤起那个男人对她的好感来获取安全的抚慰，主要是要通过装得清白无辜来保证安全。她强迫性抵消了自己的聪明才智；这两者共同形成了一种强迫行为的"双重行动"（double-action），就像她的生活整体上是由男性化和女性化的活动交替构成的一样。（Riviere，1929：305-306）

没有什么比里维埃的结论更接近真相了，因为材料显示，病人的男性气质不是出于一个隐藏的身份或渴望做男人的愿望，而是出于一些发展的活动被视为男性化了。正是在这些活动（会议和辩论）中，她的焦虑出现了。换句话说，她的伪装会暴露了自己的弱点，是因为这个战场已经被事先定义好了：她执行的这些活动都被她所处的社会规定为男人的活动。

审视她和一个男性性别人物的竞争，也会让治疗变得更细腻：

> 她有强烈的竞争意识,并声称自己比很多"父性人物"更有优越感,但在表演之后她会向这些人求爱。对于那些觉得她不能与之匹敌的想法,她十分反感,而且(在私下里)拒绝接受他们的评价或批评。(Riviere,1929:304)

一个女人"体验"到自己对男人有竞争意识,这并不意味着她有任何严重的病理问题,相反,这说明她对这些传统上只属于男人的领域野心勃勃。如果是男人在演讲和写作,她的父亲也是其中的一员,那么如果她投身于公共行为和写作,她打算和谁竞争呢(Abelin-Sas,2008)?如果没有竞争她就无法接受考验,那她为什么不去竞争呢?因此,如果这个女人的竞争对手只是她"体验"到的那一个,而带来的心理结果是自我迫害感、内疚感、妥协和安抚的需求,她的这些情绪没有伤害到任何第三人:也就是说,从治疗的角度来看,她没有偏执、没有行动化、没有制造人际关系问题。就像很多现实的生活场景一样,当有两个人但只有一个位置时,我们还能想到其他比这更好的方式来处理吗?毕竟竞争是人类存在的固有现象。

在精神分析中,两性之间的竞争主要用生殖器术语来表达,这是一种误用,被表征之物被当成了幻想的形式或心理表征的条件——换句话说,所指(the signified)被当成了能指(the signifier),男性气质象征的广义行动被误等同于了男性的生殖器。

这个结论背后的内隐理论是基于对阳具意义的概念化。对阴茎的嫉羡就是字面上对一个男性性器官的嫉妒,还是说它是两种性别的社会差异的象征性物质实体?如果我们借用格罗斯曼和斯图尔特(Grossman & Stewart,1976)的说法,把它理解成我们文化中男性和女性不平等的一个隐喻,难道我们在倾听病人时,不应该为女性纳入一个合法的欲望,让其可以扩张自己的女性自体,可以和传统上被摒弃的女性气质理想分化开吗?

如果我们要整合性别概念,我们需要扩宽倾听的层面,更好地适应女人表达自我限制的方式,当她们决定和自己的母亲模型分化而面临困难时,很重要的是要对这些焦虑加以区分和理解,它们是和俄狄浦斯冲突不同的焦虑。这个定位可以帮助分析师把女人从躯体症状和身体成见中解放出来。我认为，内隐理论很难同化当代女性发展观的原因在于其基础理念：性别是一个社会学问题，它无法认识到这是一个广泛的、复杂的自体结构，这个配置从一开始就受到父母和他们的子女之间的、无意识的、主体间的交换的影响。

正是从这个角度出发，我认为，性别概念，尽管在一开始的时候只是一个社会学的维度——即使这最早是由一名医生提出来的——可以用精神分析的方法来研究，就像拉普朗什已经开始做的那样。在本文结束之际，我想借用他最近的女性气质之谜的观点来做一个总结："在每一个成人身上，它就是那个既不是纯生理的、也不是纯心理的、也不是纯社会学的东西，而是三者的一个奇怪组合。"（Laplanche，2007：209）同样，我还想借用福纳吉的提议：

关于心理功能的精神分析理论应该遵循实践，要通过创新的临床工作方法来整合新的发现。这种实用的、主要以行动为导向的理论应用，可以让精神分析更符合现代的、后经验主义的科学观。（Fonagy，2003：13）

女性气质和人性维度

玛丽亚姆·阿里扎德❶（Mariam Alizade）

毫无疑问，我们给未来的观察者和询问者留下了许多有待确定和澄清的议题。但是，我们可以自我安慰，至少我们的知识是诚实的，我们的心胸也不狭隘，这么做，我们就开辟了路径，以后的研究之旅可以沿着这条道路前行。

——《对自慰讨论的贡献》（*Contributions to a Discussion on Masturbation*）（Freud，1912f：246）

在过去的几十年里，精神分析的一些重要科学研究引起了人们对弗洛伊德关于性欲前提条件的质疑。

性别研究，新型性行为、变性和同性父母的研究，跨学科研究，酷儿研究等已经打开了新的研究领域。这些构成了弗洛伊德在 1912 年所提到的一些路径："以后的研究之旅可以沿着这条道路前行。"（Freud，1912f）异质性、相对主义、解构主义、主体性和链接互动已经转化为概念模型了，它们为很多问题提供了答案，并且引发了理论和临床上的诸多不确定性。

本节我将重温 1933 年关于女性气质的回忆，审视弗洛伊德的一些被认为相对偏颇的评论，为其赋予一个新的效度。

---

❶ 玛丽亚姆·阿里扎德：一名精神科医生，是阿根廷精神分析协会的训练分析师。她是阿根廷精神分析协会的科学顾问，是国际精神分析协会女性与精神分析委员会（COWAP，1998～2001年）的拉美联合主席，是 2001 年 7 月举行的国际精神分析协会尼斯会议的拉美委员会联合主席，是 COWAP（2001～2005 年）的总主席，拉美精神分析联邦（FEPAL，2006～2008 年）的科学委员会主席。

我想提请大家注意的第一点是，女性作为一个人的简单事实。我相信精神分析还没有足够深入地处理这个概念，它包含了超越性别差异和性欲选择的多种现象；第二点是，被反复提到的关于女人性生活的知识的不确定性；第三点涉及社会-文化因素对健康和病理的影响。

在 1933 年的文本中，弗洛伊德思想的动摇是明显的，正如他的理论受到理论思潮的影响一样明显。我不会在这里集中讨论这些理论，因为它们已经被许多学者质疑和重新定义：女人是一个小男人，拥有微弱的超我、阴茎嫉羡，等等。

弗洛伊德的作品可以从两个理论层次来理解：基本的"硬（hard）理论"（梦的理论、元心理学、无意识的概念）和受历史、社会、文化变量影响的"软（soft）理论"（男性化-女性化、性角色、男人和女人的俄狄浦斯情结）。

弗洛伊德写道："……构成男性气质和女性气质的是一个解剖学不能控制的未知的特征。"（Freud，1933：114）第一个补充系列不足以解释性欲的变迁。第二和第三个补充系列也不足够。我提议（Alizade，2004b）引入第四个补充系列，这个系列侧重于研究社会和文化影响对知识获取系统和心理健康与病理的影响。

补充系列，与互惠行动（Bleger，1963）的动机图式（motivational schema）是一致的，它一方面关注因果的过度决定论，另一方面也关注从不同层次的整合中衍生出来的各种因素之间的连续性和交织性。第四个补充系列的视角可以把精神分析从性心理规范的僵化中解放出来。理想、白日梦、幻想、欲望、情感，这些看似个人的东西，往往在不知不觉中浸染在个人所处的无处不在的文化中，这些会导致信仰的微妙强加和异化认同（alienating identification）的产生。第四个补充系列考虑了社会理论和临床权重。它将审视自发性表面背后欲望的扭曲表达方式，其中有各种因素的影响——用福柯（Foucault）的话说，是学科的影响，包括文化的压抑、意识形态的权力、社会和文化对性欲的禁止和许可。弗洛伊德也意识到了这些议题，在 1933 年的两次演讲中，他都强调了社会环境对心理生活的影响。

性别差异也有政治影响（Saal，1981）。让我们以"女性之谜"（Freud，1933：131）的概念为例。这个概念被认为是一个范例。"谜"是一个诗意的共鸣词，表达了神秘、未知和在理解目标对象时的困境。"谜"并没有解释女性气质，相反，它留下了一个含糊不清和模棱两可的概念，并证实了在理解女人和女性气质方面所存在的不足。那句名言："女人想要的是什么"，始于弗洛伊德和玛丽·波拿巴（Marie Bonaparte）的对话，它触发了与女性气质相关的一系列概念化。"谜"和"黑暗大陆"都包含了无法理解女人的想法，其中的推测是：这种不可理解性正是她们自身的特性（Alizade，2004c）。

这个普遍的命题构成了一个"先验的"（priori）概念，一个幻想的解决方案或一个可行的假设，精神分析各个学派对此均表示出某种迷恋般的接受。然而，随着新概念和临床观察的发展，这种神秘的属性被相对化了——正如托里尔·莫伊所写："是时候放弃寻找'女性气质之谜'钥匙的幻想了。女人不是斯芬克斯。或者说，她们和男人一样，既不是更像斯芬克斯，也不是不像斯芬克斯。没有所谓的谜题等待解决。"（Moi，2004：102）

性别

我要特别提及性别研究的贡献。"性别"一词并不简单，它是很多争议的源头，许多精神分析学派都拒绝这个词。精神分析和性别无法完全对应。它们是两个术语，两者的关系是一种交集，有些地方是共通的，有些地方无法重叠。与性别相关的某些领域是独立于精神分析的，它们是其他学科的一部分，比如社会学和哲学（Alizade，2004a）。同样，精神分析也有一些知识领域是和性别概念不相容的。性别研究和它们的多种衍生成果为一系列富有成效的辩论铺平了道路，迫使我们重新考虑很多以前看起来不可改变的观点。可以说，这个概念的背后是各种精华的"聚集"（agglomeration）（Lewkowicz，1997：410），聚集效应是不同学科之间可以进行讨论和产生火花的关键点。这些关于性别差异的讨论并不总是清晰可辨的，有时甚至还存在过度理论化的现象。尽管如此，事实证明，现在探讨这些一个世纪以来已经渗透到个人身份中的偏见和决定论还是极有价值的。

我将区分在性别研究中没有重叠的两个方面。第一个方面是，性别根植于一个男/女的二元系统并具象化了这种差异。心理性别和生理性别的文化建构密不可分。这一概念被女性主义者广泛接受，其中还诞生了很多关于女性集体主义的社会问题的研究。根据这种方法，女人就是女人，因此她必然会受到特定的社会文化和历史背景的影响。"性别"这个词和一个人的性物理现实有关，还和出生时所携带的解剖学特点有关。这种性别的性欲-文化观滋生了很多刻板的说法和过分简化的概括。第二个方面是，从更创新和更有争议的意义而言，性别是一个超越男女二元概念的概念，它建构了不同的主体性和一系列多样的、不寻常的异质性。性别从男性化转到女性化，这可能说明：核心性别身份不牢固，性别身份的不同层面有选择性地显露，新的性别身份被创造出来并随之扩散。迪奥·布雷赫曼在某种性别谜题中举例说明了这种复杂性，她说："一个人身上有男性的性别属性，有女性的性别身份，有男性化的兴趣，有一个男性的性对象，身上穿着女人的衣服，这个人是男人还是女人？"（Dio Bleichmar，1991：48）

心灵否认了规范性的性生理特征。生理性别被心理性别吸收在内，借助于心理性别这个广阔的幻想，它可以有自己的创造。这是每个主体为自己量身定制的心理性别。心理性别获得了多元性的特点，这也把"虚构的形态"(imaginary morphology)引入了进来（Butler，1993b）。

跨性别者从一开始就被社会强迫分为两个规范群体中的一员，他们的痛苦清楚表明，社会压力是如何阻止和反对二元系统之外的任何东西，把它们视为不自然或不正常之物。

为了在临床环境下有效地采取行动，*有必要鼓励分析师们创造性地使用男性化-女性化的术语*。这一点特别重要，面对解剖学和外表特征的模糊性，面对看似稳定的生理特征在转化过程中出现的复杂性，我们都会产生一些意想不到的联想。

与此相关的是，朱迪思·巴特勒（Judith Bulter）在一次访谈中（Glocer Fiorini & Gimenez de Vainer，2008）强调了她对*男性气质和女性气质*这些术语的单一性（univocality）的关注，她说，这些都只是在试图阐明两性在身体上的差异，却没有就如何认同这种差异达成共识。

我将引用海涅曼（Heineman，2006）的工作，来谈谈对同性父母的孩子的临床观察。海涅曼提出一个俄狄浦斯因果关系破裂的假说，在俄狄浦斯的因果关系中，父亲、母亲和孩子各就其位，并根据个体的性别而产生特定的幻想。这位学者建议我们重新建构俄狄浦斯情结和儿童的性心理发展知识。她对俄狄浦斯情结的探索性解释与弗洛伊德的一个观点不谋而合："此外，你还要考虑到，一个儿童能表达或沟通的性愿望何其之少。"（Freud，1933：121）被同性恋父母抚养长大的儿童，也可发展出健康的性欲，这对原来的普世的、线性的因果关系提出了质疑。

如果我们再进一步，酷儿研究挑战了已经确立的文化准则，并且已经被贴上了"奇怪的""边缘的""不同的"和"非常规的"之类的标签。"酷"就暗含了一种挑衅的身份，挑战文化规范和分类，挑战要么是同性恋要么是异性恋的划分方法。酷儿的定义不仅仅是基于生理性别，还基于其所处的社会阶层和来源（Saez，2004）。这些研究思想影响了精神分析的理论主体，引发了一些至今还没有答案的问题。我们现在距离1933年已经很远了。

人类维度

在生命之初，在个体被分成男人或女人之前，首先一个人类诞生了。甚至当另一个人类在看婴儿的生殖器时，在把他们归入两种性别类别之一时，那里仍然有一个先验的实体，它不在生理性别和心理性别的范畴之内。社会规则所做的二元划分无法消除物种的人性。人类的非性的特征是一种持续的品质，它一直存在，贯穿人类的一生。

在这个维度里，性别属于*人类的性别*这个范畴，失去了性的内涵。

弗洛伊德只触及了人类的心理层面，他写道："但是，我们发现了足够的证据来研究那些因拥有女性性器官而明显地或主要地呈现出女性化特征的人类个体"（Freud，1933：116），后面，他又写道："……但我们不能忽

略一个事实,即一个女人从其他方面看也是一个真正的人。"(Freud,1933:135)

在他的元心理学中,他在处理原初认同时特别提到了这个议题。他写道:

……童年最早期的原初认同的影响是普遍和持久的,这把我们带回到自我理想的起源;因为这背后隐藏着一个人最早的、最重要的认同,他在个人史前史(personal prehistory)中对父亲的认同。(Freud,1923b:31)

我们特别来看一下后面的脚注:

或许说是"对父母"的认同更稳妥些,因为在一个孩子还没有确切地知道两性之间的差异和阴茎的缺失之前,他是不会区分父亲和母亲的价值的……为了简化我的陈述,我将只讨论对父亲的认同。(Freud,1923b:31)

这个独立于男人-女人的二元论和母亲-父亲的计划(Alizade,2000a)之外的预形象就是人类:这是儿童第一个、不可磨灭的认同,它首先是一个人。

我提议,前性欲阶段的心理世界,这个与生理和心理性别系统没有关联的概念,可以被视为一个过渡概念(transitional concept)(Green,1990:418),这个定义"表明了一个可以承认矛盾性的领域",它让"我们搁置评判的概念,给我们带来不可替代的启发"。

前性欲阶段以不同的方式和性欲世界交织在一起,但却保留了自身的自主存在。一个人并不永远是生理性别或心理性别的多重产物。源于生理和心理性别系统的各种可能性——核心身份、做男人或女人的短暂感觉、女性化或男性化的表征——是不同时刻的衍生物和变迁,它们在心理建构中起到了关键的作用,但是它们不构成表征世界的整体。有些心理过程是在性心理的控制范围之外的。"存在的普遍性"构成了一个共同的背景，我们在这个背景中绘制自己的生命旅程。这些共性是构成经验和事件的生命矩阵的基本法则和一般条件。它们是人类与生俱来的因素，因此也塑造着我们的日常生活（Alizade，2008）。无助感、有限性、对他人的生存性需要，是一些不受性别差异决定的普遍因素。

人类维度与前性欲和非性欲问题相互关联，它们的基础是那些源于自我利益和个人存在问题而发展出来的机制和防御。与性别差异相关的理论概念和那些与非性欲维度相关的概念，两者之间的关系是逻辑的、复杂的和矛盾的。

弗洛伊德精神分析学派急于将它的理论框架泛性化（pan-sexualize），几乎没有为探索人类的非性部分留下余地。

我引用了许多做出杰出贡献的学者，用他们的例证是为了强调以下几个方面的重要性：人的结构化（Garbarino，1990）、人的维护和支持（Levin de Said，2004）、心理容纳（Winnicott，1971b）和人类的依恋（Bowlby，1969）。

对人类本质的研究拓宽了这个主题的复杂性。人类构建的并非一个单一的概念，恰恰相反，它生成的是一个理论宝库，可谓是百家争鸣、百家齐放。各种理论的一个共同的主题是，个体要维持生存的基础不一定非得是性心理，相反，个体可以遵循另一条路径：自我、自我存在（ego-being）（Garbarino，1900）、自我的利益、社会群体的交互力量、心理的前性欲和非性欲维度以及其他的理论参照物，这些都可以在这条路径上融会贯通。

俄狄浦斯情结

俄狄浦斯情结的结束标志了一个综合的解决方案、一个冲突的解除、一种异化认同的解放和一个更高的心理发育水平。这一主体性过程的顶点是以自我实现（ego-fulfilment）为标志的。

基于在临床实践中对俄狄浦斯情结尾期的女性的观察（Alizade，1999a，

2000a），我清楚地偏离了弗洛伊德提出的间断和不完整的结局（Freud，1925j，1931b），提出了一个总结性心理运动的概念，俄狄浦斯情结在这个运动中被拆除了。我希望大家关注俄狄浦斯情结的尾期。在此我不想再去关注弗洛伊德的那些概念，如女人-小男人、阴茎嫉羡和阳具霸权等，正如我之前所述，这些概念在过去几十年里已经被不同社会文化背景下和不同流派的分析师在临床工作中反复质疑了。

我更感兴趣的是，女人如何像男人一样到达弗洛伊德所说的"乳牙脱落"期的（Freud，1924d），尽管两者的对象变迁是不同的。在她的生命经验里，其中包含了爱与恨，和父亲、母亲、兄弟姐妹的竞争，女人的主体身份在俄狄浦斯的尾期让她从嫉妒中解脱出来，不然嫉妒的破坏性影响会加剧自我的异化。

阴茎嫉羡已经失去了霸权地位，不管是在临床的倾听中，还是在分析性的解释中，它不再构成女人性心理的轴心（central axis）。对临床倾听的深入研究揭示男人和女人、男性和女性都会出于嫉妒之心而玩一些把戏，这把我们带回到精神分析思想发展史中那个如一潭死水停滞不前的阶段，在那个阶段弗洛伊德提出女人嫉妒男人的阳具。正如霍尼（Horney，1923）所强调的那样，所有的男人在很小的时候就有想成为女人的欲望，这伤害了他们的自恋。我们在分析中可以侦破这种对有生育能力的子宫的嫉羡。另外，我想指出的是，阴茎嫉羡和阴道嫉羡（vagina envy）并非某个性别专有的。结合大量的文献回顾，我在一篇文章中描述过男人的阴茎嫉羡——嫉妒那些更大的阴茎、勃起的阴茎等——和男人的子宫嫉羡（womb envy）（Alizade，2007）。

在俄狄浦斯情结的末期，女人停止了拥有阴茎、想要一个孩子或做一个永恒的、全能的妈妈的那些强迫性欲望。当女性超越了这个"拥有一个阴茎"的欲望，她可以获得一个圆满的心理存在。心理成熟的状态是可以通过取得独立和个性而达成的。俄狄浦斯情结的倒塌不需要任何阉割威胁：它是成熟的认知过程。一个女人是和她的丈夫、孩子和情人分开的。她的对象选择最小化了对客体的需求，这个需求是在俄狄浦斯情结解除之前由于脆弱而产生的一种需求。融合的需求（Alizade，2006）让位给自主性的自我力量，原初的纽带失去了前俄狄浦斯期特有的力比多黏着的特点。随着自我价值的增长，源于母性纽带和最初的无助而对他者的强迫性需求逐渐消退。

在这个阶段，女人优先考虑与同一个代际的其他女人的关系，在摆脱了婴儿期的敌意后，她们也会优先考虑和自己母亲的关系。当同性恋被升华之后，一个"女性间"的空间打开了。这段女性黏合期（female bonding）标志着一个母女互相镜映的阶段、一个积极自恋的阶段，由此，在他人的镜像中，女人开始寻找对自己的所有权以摆脱她们对客体纽带的依赖需要。在内心反思的这段时间里，女人们撤回到自己，从这种女性之间的沟通过渡到一个*独自的心理空间*，正是在这个心理空间里，每个女人都在努力寻找自我。发酵中的孤独感是女性俄狄浦斯情结衰退的一个必要条件。

孤独和女性气质的相遇

这个孤独空间的（Alizade，1999b）筑建标志了一种新的心理配置（configuration）。女人以自己为中心，把自己视为某种内在展开的客体，这产生了一种超越自我的自恋反冲。在俄狄浦斯情结顶峰的女人，把自己从性别差异的要求中分离出来，她对自己生活的筑建呈现出既多姿多彩又好玩有趣的特质。

女人成功地摆脱了更被期待的男性身份、文化和男权社会的条条框框和刻板印象的异化。这种"新的心理行为"修改了她们的心理结构。

在俄狄浦斯情结的尾期，女人发生了改变，最终这会让她发展出统一的自我认同和一个整体自我，并赋予她们完全的权力来命名和满足自己的欲望。这个孤独的女人变成了一个积极的形象，这里，焦虑的孤独已经被转化成独立的源泉和存在的快乐。从自由的位置出发，女人可以根据自己的需要和爱情来选择或重新选择对象，而非出于安抚分离焦虑的迫切需求。已经取得的心理可塑性可以帮助女性完成从一到二、从男性化到女性化的过渡，可以让她们享受自己的心理双性。

对弗洛伊德（Freud，1933）而言，"正常的女性气质"是依赖于一个女孩渴望有一个阴茎的替代物这一不知餍足的欲望，而现在，我们认为它依赖的是母性的解决方案。女人的心理健康与阴茎-儿子的象征性等式密不可分，女人的心理健康是用儿子来替代阴茎的结果。俄狄浦斯情结的结束赋予了女人完全的自由来满足她们的母性欲望。

在这个心理沉浸（psychic immersion）的阶段，性欲心理和非性欲心理同时发展，两个进程并驾齐驱。不同的心理面相彼此融合：人类在奋力取得他们的个性化，实现他们的创造潜能——在非性欲的层面——而食色性也的人类则沉浸在阉割、诱惑和嫉妒的各种幻想中，顽强抵抗他们的神经质表现。

我的印象是，男人和女人的俄狄浦斯结束期没有显著差异。在协商了对象、驱力和幻想之间的不同心理路径之后，每个人都到达了一个相似的终点。弗洛伊德提出的女性俄狄浦斯情结充满了时代的偏见，在那个年代，女性对职业发展的渴望、对经济独立的渴望、对自由选择对象的需要，都被归咎于阴茎嫉羡和阳具竞争了。弗洛伊德在1895年说的一句话，被很多人引用过，今天仍有很多人在使用这个观点："我们必须思考，为什么情感麻木会成为女性的主要特征。这源于她们所扮演的被动角色。一个情感麻木的男人很快就可以停止承担性交的任务，而女人没有别的选择。"（1950［1892-1899］：204）

俄狄浦斯情结的结束，对心理结构化过程中的各种性心理冲突而言，是一种心灵的呼喊："够了！够了！"（enough is enough）

临床观察

我将描述一些临床片段来说明刚才提出的观点。

临床片段："伊内丝"（Ines）

在这位年近40岁的年轻女人身上，我们可以清楚地看到一些和共生、前俄狄浦斯期冲突相关的情感矛盾。她离婚6年了，尽管她有意识地努力打造一段持久的关系，但还是没有找到一个伴侣。她的母亲曾经教导她，男人都是不忠诚、不负责任的，这一点在她跟男人的交往中反复得到了证实。

她对原初客体的依赖在移情中再次重复，这阻碍了她的分析进入结束阶段。经过几年的分析，修通的过程让她能够触及她害怕进入的心理领域。为了克服俄狄浦斯情结，她需要在心理上迈出一步，这就要求她敢于面对自己内心世界的自主性。对她而言，要放弃与父亲、母亲和兄弟姐妹之间的冲突似乎是不可能的。他们共同组成了一个恶性循环的表征，她经常会想起这个循环：母亲的忧郁、父亲的不忠和弟弟的竞争。她的联想似乎一直在原地打转，没有新的进展。她与男人见面时带着一种青春期的、歇斯底里的特点，还有很多不切实际的期望。不可能结束的俄狄浦斯情结，使她经常感到沮丧和低落。男人获得了一种被夸大的阳具价值，而因为屈从于母性和社会文化的要求，她经常贬低自己。她的超我要求她必须温顺、微笑和善良，隐藏和压制自己的敌意，以此来拙劣地模仿女性气质。她没法满足父亲的欲望，他曾经非常希望她是个男孩。

对男人的理想化和嫉妒与前俄狄浦斯期的口欲固着构成了一系列给她带来不幸的元素。随着对嫉妒的移情分析、对去理想化和对忧郁的母亲的去认同的工作，一些改变开始逐渐发生。

伊内丝逐渐体验到一种和谐的孤独状态，她摆脱了之前和她如影相随的习惯性焦虑。在建造她的孤独空间的过程中，她的自尊心增强了。她能够从俄狄浦斯的冲突领域之外积极地看待自己。她能够摆脱那种偏见，即如果她有更大的欲望自主权，就会被贴上男性化的标签。"人类"的维度，超越生理性别和心理性别，呈现出了积极的一面，在她的心理生活中获取了新的关联。

分析的结束期充满了一系列的僵局，在这些僵局中，伊内丝逐渐培养了自己独处的能力。这些僵局表现为一些俄狄浦斯情结的小结局，这些是分析终结的前兆。在俄狄浦斯情结的最后阵痛中，最引人注目的是她内心的摇摆：在执着于旧有的、表征性的性心理路径和对新变化的恐惧之间摇摆。

临床片段："戴安娜"（Diana）

戴安娜是一位患有神经症的年轻人，喜欢各种毒品。她缺乏安全感、自尊很低，在无数的性关系中不断寻找爱情。

在海边别墅和两个男人开完性爱派对后,她幻想着和其中一个人有了孩子。这种强烈的欲望显示她对他人有着强迫的需要和极度的情感依赖。

两个系列的联想成了改变的标志,这带来了她俄狄浦斯情结的解除和作为一个人的自我价值感的提升。在一次会谈中,当她在描述她觉得自己爱上的一个男人时,她反思道:"他自我感觉很好。他是他自己。"我们探索了"他自己"这个短语的多重含义。它的含义是意识到了心理结构的基本条件是与自信和自我所有权相关的。"他是他自己"和"他自我感觉很好""他独自一人感觉很好"等说法表达的意思是相同的。这种清晰的陈述在她的表征和情绪中出现了好几个月。在分析的过程中,她有可能去发现"做自己"可以既不依赖于性别差异,也不依赖于阳具竞争。发现"自体性"(self-ness)是和人类的维度相关的。

随之而来的是预示着她的心理进展的梦和联想。在另一次会谈中,戴安娜说,她有一个秘密,她不打算告诉任何人。她拒绝了分析师的干预并保持沉默。这种沉默构成了她自我肯定的"示范"。通过这种宣言,她在分析师面前构建了自己的孤独空间,并开始了一种"心理的流放",这让她能够在自己的陪伴下筑建一个孤独和快乐的空间。戴安娜到达了一个内在的分析僵局:当她试验和练习内在世界的结构改变时,她打断了外在的过程。这个阶段之后,她表现出的一些表征和情感,以及与此相关的一些生活新尝试,让人惊叹不已。

现代韩国女人无意识中对传统的坚守

金美京❶（Mikyum Kim）

当我受邀讨论今天韩国的女性主义这个主题时，我很快就接受了这个邀请，几乎未加思索；但是，我很快就意识到，这几乎是一个不可能完成的任务，因为文化是如此的复杂，而与此相关的临床文献却少得可怜。所以，我的这篇文章只能算是抛砖引玉——是一个漫长的讨论的开端而非结尾。

作为一名韩裔美国人，我的体验是很独特的——我在生养我的文化之中，又在这一文化之外。深受朝鲜半岛战争的影响与接踵而至的快速现代化和工业化的影响，我更多觉察到的是过去的不连贯性，很少意识到对传统的坚守。在我多年的精神分析从业经历里，我逐渐观察到，尽管我的很多韩国女病人在意识层面过的是新生活、当代的生活，但她们的无意识冲突和心理问题，有很多却是韩国文化特有的；这些材料都可以追溯到韩国的诸多重要传统。此外，我还发现，这些议题在我所描述的三代女性的经历中均有不同体现。

没有"昨天"就不可能有"今天"，昨天的日积月累构成了人类的历史。"今天"是"昨天"的内外冲突的产物，其中内在世界和外在现实共同记录了绝大多数是无意识的历史动作。

内在世界缓缓行进，通常带着怀疑的目光；但外在世界却飞奔着扑向明天，通常没有判断，带着貌似信任的目光。如果说内在世界是匍匐爬行的话，那外在世界几乎是突飞猛进了。这样的话，内在世界的转化似乎总是落

---

❶ 金美京：一名在纽约私人执业的精神科医生和精神分析师。她是怀特精神分析协会的会员和该协会心理治疗项目的督导。

后的，总是在追赶外在的世界。

要理解今天的韩国女人，很有必要了解这个国家的历史，尤其是它的主要文化和宗教传统。

本节的开头将简要回顾一下传统韩国社会中的女性生活，以及当代韩国女人的转型。第二部分是对传统的、现代的和后现代的韩国女人的心理理解，我将结合我的临床材料对此进行阐述。在我的讨论中，读者们也可以清晰地看到我的个人史的深刻烙印。

背景

韩国文化中有三个主要的宗教传统：萨满教、佛教和儒教，我首先来简要介绍一下这三者。

萨满教是韩国最古老的本土传统，可能源于西伯利亚的乌拉尔原型（Ural prototype）和旧石器时代的猎人/采集者（hunter/gatherer）祖先。渐渐地，萨满教受到了统治阶层的排斥，主要存在于较贫穷和偏远的阶层。

佛教于公元 372 年首先传入朝鲜半岛，并逐渐传遍全国。在佛教盛行的高丽时代（918—1392），女人在家庭和社会中都享有很高的地位。在三国（Three Kingdoms）时期（公元前 57 年至公元后 668 年）❶，新婚夫妇一开始是在新娘家生活的。当这对夫妻有了孩子之后，他们才会搬到新郎的家中，和他的家人生活。高丽时期各个阶层的家庭生活都是母系社会的。在社会中，女性的经济地位独立，她们掌控了孩子的抚养权和教育权（Deuchler，1992b）。

1392 年，当朝鲜王朝建立时，政治精英接受了儒家思想。他们驱逐了之前强大的佛教精英，并以儒家教义为基础垄断了政治权力。

儒家思想本身不是一个有组织的宗教。然而，一千多年来，儒家伦理一直是韩国社会各个阶层精神世界的源泉和人际交往的礼仪。

从 1392 年开始，新儒家围绕着男系宗亲或男性的血脉重组了韩国社

---

❶ 韩国有文字记载的历史始于"三国"时期：高丽、百济和新罗，三个国家在这一时期并存。

会。男系宗教被视为一个基本的人伦观，受到了天（阳、男）支配地（阴、女）的宇宙观的支持。社会的终极价值是孝道，它要求所有人尊敬和服从家长。这个价值观系统导致了"男尊女卑"（Namjon Yobi）（其原则是男人本质上比女人优越）的普遍盛行。

儿子是继承家庭血统的，而女儿则是"给他人养的"，是要泼出去的水。男尊女卑从政治上、社会上、经济上和文化上都把传统的韩国女人定义为是低于男人的。法律和传统均规定了女人是财产（Peterson，1983）。因而，女人参与社会或法律事务是不可想象的。女人不允许单独出现在公共场所。在公共场所，她们被要求必须遮住自己的脸。

在儒家的意识形态中，女人的角色被定义为特定的规范性的角色："贤妻""孝顺儿媳"和"贞洁寡妇"。一个女人一生只能侍奉一个男人，不管情况如何。如果她在成为寡妇后再嫁，那将会使整个家庭蒙羞。如果一个女人在成为寡妇后，愿意牺牲自己的欲望和需求并全心全意服侍公婆和孩子，社会会嘉奖她们。如果一个寡妇表达了性的欲望，她会被当众羞辱，甚至会被政府惩罚；她再婚的各种可能性都被否定了，她的整个家庭和所有的后代都反对这一点。

在我自己的家族中，一位姑祖母在 13 岁时就因父母之命和媒妁之言结婚了。她的丈夫比她还小几岁。按照习俗，她会去丈夫家和他的家人住在一起，学习这个家庭的规则，直到丈夫可以完婚圆房。不幸的是，她的小丈夫在还没有完婚之前就去世了。我目睹这位姑祖母骄傲地过完了她的处女寡妇的一生，直到 70 多岁去世。

在朝鲜王朝❶，女人不可以接受公共教育。女孩不可以学习儒家哲学，因为他们坚信，女子无才便是德，有才的女人容易牝鸡司晨，干扰男性世界的纲常。

对男人而言，他们可以有很多学堂选择。女人只能待在家中，学习女红女德。他们认为这种严格的社会化是必要的，目的在于把女孩培养成未来的家庭道德监护人和满足家人物质需求的劳动者（Deuchler，1992a）。

---

❶ 朝鲜王朝于 1392 年取代高丽王朝，于 1910 年被日本吞并后开始衰落。

关于传统韩国女人的记载大多局限于上层社会；人们对普通女子的生活知之甚少。在传统社会，劳动阶层的女人需要劳动来帮助丈夫。实际上，她们有两份工作：操持家务以及在公共场合为丈夫劳动。

对于劳动的女人而言，她们获准可以接受三个领域的正式或非正式教育：萨满（shaman）、基桑（kisang)和医女。

萨满教被降为底层阶级的宗教。萨满总体上都是女性，通常需要接受一个高级萨满的非正式授业才可以成为萨满。

为年轻女孩设计的唯一官方教育机构，是要教育她们如何服侍和取悦男人，尤其是政府官员、外国使臣甚至是皇上。这个角色叫"基桑"。她们会被教授艺术、音乐、书法、诗歌和政治。但是她们却不可以有独立的生活。讽刺的是，尽管她们是女性中最聪明最有文化的，但却是人群中最卑贱的。

医女是传统韩国社会的一个独特之处。7岁之后，女孩就不能和男孩或男人有任何交往了。因此，女人接受男医生的检查是一件可耻的事。在极端情况下，一些女人宁愿死也不愿意被男医生治疗。医女被教导如何诊断疾病、如何护理病人以及如何接生孩子，但只有男医生才可以开药。医女也接受政府的教育，但却属于社会的最底层。

随着朝鲜王朝（1392—1910）的衰落，朝鲜被日本统治，并于1910年被正式吞并。在日本的霸权统治下，女人开始上学，一些受过教育的女人开始参与到更大规模的政治和社会文化之中。在日本殖民时期，韩国女人开始组织妇女解放运动，抗议日本占领。这是韩国女人现代化的真正开端。

在日本殖民时代（1910—1945）和后来的朝鲜战争（1950—1953）时期，许多家庭分崩离析，男人成了自愿或非自愿的劳工，要加入独立的抵抗运动或参战，而女人成了事实上的（*de facto*）一家之主，要承担沉重的责任（H.J.Cho，2002）。

现代韩国女人

在当代韩国，我们可以至少识别出三代人。社会学家赵海贞（Cho

Haejeong）将其描述成"祖母一代""母亲一代"和"女儿和孙女一代"（H. J. Cho，2002）。

祖母一代的代表可能是今天 80 多岁的女人，她们出生在 20 世纪 20 年代日本殖民统治时期。这些女人在 1945 年解放之后成年了。她们长大成人，一些人在朝鲜战争期间（1950—1953）生儿育女。

对于这一代生活在战乱纷纷时期的女人而言，父系原则被视为一种文化理想，尽管实际上女人是家庭的中心，从养家糊口到教育子女，她们事事操劳。这一代的女人即使在丧偶之后也不能再嫁，以免有损家族的名誉。

在我的从业生涯中，一位年长的女人曾来做过咨询。在朝鲜战争中，她失去了丈夫，她那时还很年轻，有三个孩子。她来自一个非常传统的儒家家庭。她爱上了一个男人，并怀了他的孩子。为了不让家族蒙羞，她便把自己封闭起来，斩断一切和原生家庭的联系，也完全疏远了自己的孩子。

母亲一代包括 20 世纪 40 年代和 50 年代出生的女性，她们现在都五六十岁左右。她们小时候经历过朝鲜战争。她们在 60~80 年代抚养孩子，当时韩国正从传统的父权制过渡到现代化和西化的文化。在经济快速增长的时期，韩国最明显的变化是从大家族到都市核心家庭的转型。女人们和她们的丈夫一样努力工作，她们是积极进取的现代妻子，是快速工业化的后台管理者，她们对"韩国的经济奇迹"做出了巨大的贡献。

大量的年轻男子在现代工业中追求稳定和高薪的工作，而他们的年轻妻子则管理着丈夫的收入和孩子的教育。

随着核心家庭制度在现代工业中的稳固建立，妻子的角色与母亲和婆婆的角色变得同样重要。年轻的丈夫们因为婆媳矛盾而感到痛苦，开始自称"夹心三明治"一代。对于这一代的女性而言，婚姻就是过日子。她们和孩子组成家庭，通常和丈夫缺乏亲密联结。

在现代韩国社会，儒家的父权哲学仍然根深蒂固。1974 年的一项研究显示，韩国是世界上最偏爱男孩的三个国家之一（Cha，Chung & Lee，1977）。在现代韩国，儿子的角色仍然很重要，他是家族血统的继承者、家族祭祖仪式的执行者、赡养父母的人，也是家人眼中的骄傲。

临床案例："安"（Ann）

我的病人安出生于1948年，是一位职业女性，已婚，有一个女儿。她因为焦虑前来咨询。她对自己将来能否成为一位计算机专家而感到忧心。当她的同事们一个个升职之后，她却屡次没能通过考试。她对考试的预期几乎麻木了。因为不管她怎么准备，考试的时候脑子里都是一片空白。

安是韩国一个中产阶级家庭中最小的孩子，家里有五个女儿。她的父母因又生了一个女儿而悲痛欲绝。她的母亲因没有生个儿子而万分羞愧，她一开始的时候甚至拒绝给小女儿喂奶。

悲痛欲绝的母亲给小女儿选择了男孩的衣服。在韩国的民间信仰里，如果一个女孩在外貌上、衣着上和名字上都被当做一个男孩来养的话，她就能给家里招来一个弟弟。让她沮丧的是，妈妈为了要个儿子似乎什么都愿意做。从出生开始，安就成了文化的受害者，因为她不被允许拥有她出生时的性别认同。

当安3岁的时候，她的妈妈终于生了一个儿子。他们的这个小家庭和整个家族都很兴奋。小弟弟一出生，安就被遗忘了。她因新来的弟弟而不快乐，也很嫉妒他。就在他2岁生日的时候，这个男孩因肺炎去世了。安的母亲一度精神失常。安清楚地记得，萨满来家里举行了一个仪式，来安抚逝去的男孩的亡魂。安还记得，当萨满试图联系她死去的弟弟时，她从缝隙中向房间里望去，心里害怕极了。在她幼小的心里，安一定因为她期望自己的竞争对手消失这个愿望而感到痛苦，并且为这个愿望实现而感到内疚。在她的无意识中，她杀死了自己的弟弟。她的妈妈再也不能生其他的孩子了。

突然之间，安成了家里最受宠爱的孩子：她被认为是最聪明最漂亮的。她冷漠专制的父亲开始关心她的学习成绩。她的妈妈全身心投入到安的学习上，叫她"我的儿子"。她在高中时代一直学业优秀，最终进入了韩国最负盛名的工科大学。她是班里唯一的女学生。虽然她交了很多男性朋友，但她从来没有谈过恋爱。虽然她长得很漂亮，她的心理结构却很男性化。她讨厌被当作"女性化的女孩"，因为这意味着愚蠢、低人一等和依赖别人。获得硕士学位后，她来到美国接受高等教育。尽管她有很多追求者，安却选了一个被动和不自信的男人。在婚姻中，安轻而易举地占据了主导地位。

在很多方面，安的经历都是她那一代人的典型经历。虽然她的故事很独特，但她和那些没有移民的韩国女性有很多共同之处。

出生在20世纪60年代晚期至70年代早期的女儿一代，她们是在军政府的统治下长大的。这是第一代可以充分享受韩国经济奇迹的人，而不像她们的父辈历经艰辛。

这一代女性在大学时期接触到了学生活动和20世纪80年代的女权运动。她们卡在了母亲的物质野心和自己的自我实现之间。在这一时期，一种新的女人形象出现了：女人被视为参与学生运动的爱国男青年们的勇敢伴侣。在这种逐鹿中，韩国的女性解放运动诞生了（H. J. Cho，2002）。

临床片段："杨淑"（Young-Sook）

另一个来访者杨淑生于1960年，来自一个中产阶级的上层家庭。在首尔读研究生的时候，她被介绍给了一个在美国读研究生的韩国人。尽管她对他知之甚少，只知道双方都喜欢书籍、音乐和艺术，但她却决定嫁给他。婚礼之后，杨淑放弃了自己的研究生学业，去美国和丈夫团聚。很快她意识到这段婚姻并不是她想象的那样。

她婚姻中的困难之一是要面对她丈夫的生活现实。她的丈夫并没有专注在自己的学业上，因而要完成学位所花的时间比他所说的要长很多。她意识到他其实不愿意做学术，只是因为家庭对他有这样的期待，他不能放弃自己的学业。作为妻子和儿媳，她的角色是尽可能地帮助他完成学业，但与此同时她自己坚信完成学业是她丈夫自己的责任。丈夫无法完成学业影响了婆婆的情绪和身体健康。她承受了来自婆家很多的压力。结婚一年后，她决定重返校园攻读自己的研究生学位。

当夫妻两个都在寻求学业的发展时，她的丈夫期望她承担家里所有的家务，尽管在婚前他完全可以自理。他变成了传统的韩国男人。我的病人非常不满，夫妻两人开始激烈的争论。最后，丈夫同意和她共同分担家务。然而，这个改变让她丈夫的韩国朋友们非常惊讶，包括她丈夫本人，他们开始说杨淑是"女权主义者"。终于，在八年之后，夫妻两人均完成了自己的学位，回到了韩国，和丈夫的家人一起居住。

从这个时候开始，婆婆和儿媳的冲突开始愈演愈烈。和妻子共同承担家务被看作是妻子对丈夫的虐待。她的婆婆要求她必须"去美国化"，改掉美国人的习气。她的丈夫被动地听从了母亲的愿望。

杨淑感到很挫败、失望、愤怒和无助。她意识到，她可以不依赖于任何人，尤其是她的丈夫。她独自一人，但她已经准备为自己的权利而战。她经常想到和丈夫离婚。然而，今天，她不确定维持婚姻是否是解决孤独的办法，但她还害怕独自一人。

回顾自己与婆婆在一起的生活时，她惊讶地发现，婆婆对她的期望和对小姑子的期望居然是双重标准。她的婆婆对自己的女儿过度保护，尤其是在涉及姑嫂关系和兄妹关系时。

出生于20世纪80年代和90年代的女儿一代，她们所处的是现代化的时代，过分重视经济生产，消费主义是核心的意识形态。

这个时期的韩国女人通常会被描述成渴望变得"迷人和性感"。这个年代的年轻女性开始使用整容手术来改善自己的外貌。20世纪90年代中期，大学生变得非常注重时尚，这和努力成为爱国者和知识分子的80年代的女人十分不同（H. J. Cho，2002）。

与上一代相比，20世纪90年代的年轻人从性压抑中解放了出来。1994年，对1500名大学生的调查显示，64.1%的人赞成婚前性行为，25.5%

的人赞成"自由性行为"。然而，调查结果和现实存在差异。理想的状况下，年轻人似乎相信婚前性行为甚至自由性行为，但是在现实中他们不愿意践行这一点。在20世纪90年代，随着性规范变得更加宽松，男人期待更容易地和女人发生性关系。传统上，当女人拒绝发生性关系时，男人会尊重这种拒绝，把它理解成一种贞洁；但是在20世纪90年代，如果一个女人拒绝了性邀请，他会把这种拒绝解释成缺乏爱或被操纵的表现。尽管会被男人误解，女人还是倾向于保持贞洁，以维护自己的地位（Y. J. Cho，1996）。

传统上，母亲要为女儿的行为负责。一方面，母亲对女儿贞洁的持续警惕是女人性行为的主要基础。另一方面，母亲们鼓励她们的女儿和男人调情，以便她们能够享受与未来丈夫的性关系。此外，母亲们认为"调情"可以帮助她们的女儿更容易找到男人。

母亲们参与进来把自己的女儿塑造成她们的理想自体：外表性感，内心纯洁（Y. J. Cho，1996）。在无意之间，她们已经在女儿的心里埋下了一颗冲突的种子——而母女双方对此却丝毫未觉。

当代的韩国社会是一个三代韩国女人共存的社会，这个时代正在经历激烈的文化变迁。这些变化对韩国女人的心理影响到底有多深尚不清楚。

韩国女人和精神分析理论

阴茎嫉羡始于对两性在解剖学上的差异这一发现：小女孩发现自己不如男孩，她希望拥有男孩所拥有的一切。随后，在俄狄浦斯阶段，阴茎嫉羡表现为两种次级形式：一是希望体内获得一个阴茎（主要表现为想要一个孩子）；二是希望在性交中享受男人的阴茎（Laplanche & Pontalis，1973）。

阴茎嫉羡第一次出现于弗洛伊德的《论儿童的性理论》（*On the Sexual Theories of Children*）（Freud，1908c），他让人们注意到了小女孩对男孩阴茎的兴趣，这种兴趣"落在了嫉妒的摇摆之下……当一个女孩宣布'她想当个男孩'时，我们知道她的愿望是想要纠正什么缺陷"（Freud，1908c）。

到弗洛伊德开始使用这个概念（Freud，1914c）来表示女孩的阉割情结时，"阴茎嫉羡"这个术语在精神分析界中已经被广为接受了。

然而，在《论本能的转化：以肛交为例》（*On the Transformation of Instinct, As Exemplified in Anal Erotism*）一文中，这个术语已经不局限在女性渴望拥有男孩的阴茎这一欲望了，也可以指阴茎嫉羡的主要衍生物，即：渴望有个孩子，其根据是阴茎＝孩子的象征公式；以及对作为"阴茎的一个附属物"的男性的欲望（Freud，1917c）。

在弗洛伊德的女性性欲观里（Freud，1925j，1931b，1933），阴茎嫉羡在女人的性心理发展过程中处于一个核心的位置，这个发展涉及一个性器区的改变（从阴蒂到阴道）和一个对象的改变（从对母亲的前俄狄浦斯期依恋到俄狄浦斯期对父亲的爱）。不同层面的阉割情结和阴茎嫉羡是这种双重再定位的症结所在。

在一个层面，小女孩对未提供阴茎的母亲心存怨恨；在另一层面，也有对似乎被阉割的母亲的贬低。根据弗洛伊德的观点，当被动性接管了拥有阴茎和生个孩子之间的象征性等同之后，她也放弃了性器活动，即阴蒂自慰。

女孩转向父亲的愿望无疑来自于对阳具的愿望，对此母亲已经拒绝满足，现在她把期望寄托于父亲。当对阳具的欲望被想要一个孩子的愿望所取代，根据古老的象征等式：孩子＝阴茎，那么这个女性化情境才建立起来。（Freud，1933：128）

尽管对阴茎嫉羡的概念有诸多争论，但我的重点却不是就此进行进一步的讨论，而是关注韩国女人身上呈现的阴茎嫉羡。

社会学家蔡亚河（Cha Jae-Ho）和他的同事们（Cha, Chuang & Lee, 1973）一起研究了韩国社会普遍存在的重男轻女现象。他的研究表明，不管经济如何高速发展、现代化的进程如何变迁，传统的重男轻女仍然是"韩国人民精神生活"的中心，人类存在的悲剧和喜剧围绕着这个动机在韩国人的个人生活中不断上演。这个偏见最让人烦恼之处便在于，"不仅男人如此，女人自己也倾向于接受女人的自卑，至少是无意识的"（Kim，1988：4）。

在传统社会，韩国女人的生命周期似乎由两个阶段组成。在第一个阶段，年轻的女人既无助又无辜，任由原生家庭摆布。第二个阶段开始于她进入丈夫的家庭。她的命运不是内在心理发展的结果，而是文化强加给女性的规范。

在父系文化中，缺失阳具会如何影响年轻女性的心理呢？根据对弗洛伊德理论的解读，女性本质上是被阉割的男人，她们嫉妒阴茎，因此注定会患上神经症。在韩国的男尊女卑背景下，女人的自卑感以及她们期望通过男人得到权力和身份，不仅被认为是正常的，而且还是一种美德。

在韩国的传统社会中，女性人生的第二阶段始于婚姻。结婚是成年的先决条件，没结婚的女性会受到社会的歧视。对一个女人来说，婚礼是一个从童年到成年的仪式，由此她成为社会的正式成员。一旦她结婚了，婆婆就成了年轻的新娘生活中最重要的人。对于一个女人而言，婆婆站在了女性社会声望和权威的顶端，而年轻的新娘则处于最底层。儿媳妇要尽量听从婆婆的命令，而且要学会避免可能引起责骂的情况。年轻的儿媳，有时候甚至会遭受来自夫家（尤其是婆婆）残酷和不人道的对待，但她却没法从服从的束缚中解脱出来，因为她无处可去。她只有一个选择：忍，在婆家生存下来（Deuchler，1977）。

儿媳妇生了儿子之后便可以母凭子贵，儿子长大后会娶自己的妻子。然后多年的媳妇熬成婆，熬成了那个在她生下继承人之前折磨她多年的女人。于是，一种施虐-受虐的关系，一种支配-服从的关系，又开始循环往复，这次新儿媳成了被折磨的受害者。对新婆婆而言，儿子成了她身份和价值的源泉，也成了她社会地位和经济权力的源泉：他成了她的阳具。母子的生活彼此纠缠，儿子实际上也成了母亲的自恋客体的表征。

因此，这种社会中只有两种女人：婚前的女人，不拥有阴茎，因此无助无力，没有身份；婚后的女人，当了母亲生了儿子，凭借儿子获得了权力、尊重和身份。若是已婚的女人没有生出儿子，那她仍然是无权无势、无人敬重的。

> 在朝鲜王朝，母性角色在决定女性的整体地位方面极其重要。女人因母亲的身份和作用，不仅在家中而且在更大的社会中都可以获得极大的尊重。孝道是韩国儒学所提倡的终极价值。男女双方都要奉行孝道。由于母亲可以受到尊重和奖励，所以一个女人的人生目标，自然就是生下成功的儿子了。（H. J. Cho，1998）

不孝有三，无后而大，没有儿子的女人是不孝的。因此，儿子就是母亲的象征性阴茎。她出生的时候没有阴茎，但是生了个儿子当了妈妈之后，她获得了阴茎。

20世纪80年代和90年代初，在我的临床工作中，我遇到了很多女性的现代婚姻观跟婆婆和丈夫的传统观念发生冲突的案例。传统的母亲觉得自己有权支配儿子的生活，而儿子也必须出于孝道遵从母亲的意愿。即使搬到一个新的国家，成立了一个独立的家庭，也无法把母子关系的强大纽带排除在新的婚姻之外。年轻的儿媳在没有生出儿子之前，在传统的家庭系统中没有任何个人的影响力。

临床片段："海英"（Hae-Young）

海英，28岁，已婚，是一名计算机专业的研究生，在首尔的一所大学取得了文学学士学位。她出生于一个富裕的家庭，家里有三个孩子（两个哥哥和她自己），她排行最小。在来美国读研究生之后，她爱上了一个研究生并和他结婚了。

年轻的新娘子拒绝和丈夫的家庭一起居住，于是小夫妻搬到了一个私人别墅的二层，房东是一位韩国女性。婆婆每天都会过来，她在公寓里到处窥视，给儿子做他最喜欢吃的饭，告诉儿媳要好好照顾他。她还和女房东闲聊，抱怨一个配不上儿子的年轻女人偷走了她心爱的儿子。

她公开抱怨儿媳给新郎家的结婚礼物不够好。海英相信，她婆婆自己的婚姻关系十分糟糕，所以她把所有的喜欢和兴趣都放在了儿子身上。更糟糕的是，海英的丈夫对母亲的侵入采取了被动的立场，他还说他对母亲心怀愧疚。

海英非常沮丧，准备放弃婚姻。一天早上，当她想到婆婆对她的批评时，她感到脸在发烫，心在狂跳，她担心自己会失去理智昏倒在地。

在一周一次的心理治疗进行了 8 个月之后，海英收拾了自己的东西，离开了她的丈夫。

和那些全盘接受婆婆的无礼行为并毫无怨言的韩国传统女性不同，海英和丈夫就他母亲的入侵行为进行了争论。她表达了自己不愉快的感受，并质疑自己是否应该继续这段婚姻。

最后，她意识到她可以选择自己的未来。

这些转变是如何反映在韩国女人的无意识之中呢？尽管外表已发生了天翻地覆的变化，但韩国女人的文化理想（自我理想）似乎还没跟上外在变化的步伐。在过去的 60 年里，韩国女人貌似摆脱了很多儒家道德观和价值观的束缚。但是，对于祖母那一代的女人来说，她们为摆脱传统规范和理想付出了沉重的代价。我之前举过一个例子，一位年轻的妈妈在朝鲜战争中变成了寡妇。她爱上了一个男人，并有了他的孩子。为了保护她传统的儒家家庭的荣耀，她不得不远离家人，疏远自己的孩子。这是她付出的昂贵代价。在她的传统家庭中，实现文化理想远比满足个人需求重要得多。

我再举一个现代韩国社会女性解放的例子，我把这个病人称为贤珠。

临床片段："贤珠"（Hyun-Joo）

在快 30 岁的时候，贤珠嫁入了一个非常传统的儒家家庭，丈夫是家里的独子。在这桩包办婚姻之后，这对夫妇因为丈夫的学业需要来到了美国。

尽管贤珠在韩国的大学取得了化学硕士学位，但她还是成了家庭主妇。几年之后，她怀孕了，生了个女儿。她的丈夫在美国花了10年的时间完成了工程博士学位和博士后的培训。那时，她已经有了两个孩子，一个女儿，一个儿子。

回到韩国后，一家人搬进了丈夫的父母家。因为他是传统家庭中的独子，和父母分开居住对他而言是不可想象的。他的义务就是要照顾年迈的父母和祭祀先祖。

贤珠成长的家庭，不像丈夫的家庭有这么严格的传统和宗教。她觉得自己是一个自由主义者和男女平等主义者。她带着某种理想开始自己的新生活，但很快她就意识到，跟婆婆一起生活不是她想象的那样。他们期望她按照几个世纪前那种非常传统的韩国标准做一个儿媳。作为传统的儒家家庭中的唯一儿媳，婆婆对她不言而喻的期望，让她难以忍受。她开始困惑，她觉得完全没有自己的生活，只是在机械地履行传统的义务和职责。她的丈夫也不帮忙。和公婆同住的3年就像在无形的监狱中坐牢一样，她丧失了现实感。她的自尊和自我价值感被粉碎，她逐渐迷失了，丧失了自己的身份。她开始相信，她的婆婆在迫害她，她开始通过言语和身体上的攻击来回应她。骄傲的婆婆不能透露儿媳不可思议的暴力这一家庭丑闻。

婆婆寻求了专业的帮助，并放弃了和儿子的家庭一起生活。

只有通过放弃自己的理智，贤珠才可以从传统的价值系统中解放出来。

在现代韩国，已婚女性如果婚姻不幸福，就会与丈夫离婚，如果有机会也可以再婚。重男轻女的韩国文化在过去20年里一直在改变。已婚女性已经迫不及待地接受了不管男女只生一两个孩子的愿望。一些韩国人决定不生孩子。已婚夫妇通常都有婚外情，而且这种情况越来越多。

从20世纪70年代末到80年代末，韩国的基督教人口呈爆炸式增长。随着基督教变得越来越普遍，诸如祭祖之类的儒家仪式已经开始消亡。

现代韩国的婆婆对儿媳似乎没有了传统社会中那么大的权力。但是，韩国的母子关系仍然十分紧密。

阴茎的力量贯穿于韩国整个的历史。在传统的韩国社会，女性的终极目标是结婚生子，这样儿子就成了她的阳具。现代韩国女人的目标是嫁个成功的男人，这样她就获取了权力和财富；或者是通过高等教育成为一个专业人士，获取自己的权力和独立。

对于现代的韩国妈妈来说，教育孩子，不管是男孩还是女孩，都是非常重要的。她们会牺牲自己的生活，通常还有她们的婚姻，来给孩子提供一个更好的教育机会。母亲对孩子接受高等教育的投入也是一种获取阳具力量的方式。

我的祖母，一位非常聪明智慧的女性，在她30多岁时开始守寡；结果，她过着非常艰苦的生活。在她的亲生女儿在朝鲜战争中早逝之后，她把我当作她自己的女儿来抚养。作为一个女人，她没有机会接受她渴望得到的教育。

我记得在我十几岁的时候，我和她有过一次激烈的争吵，她坚信男人比女人优越。我不同意她的看法，我坚信男女平等。我祖母则坚持认为，男人是更优越的。但是，尽管她自己是一个没有受过教育的无助女人，她却坚信女人有接受教育和成为专业人士的权利。在我看来，我的祖母嫉妒男人，希望通过教育和受人尊敬的职业来获得男人那样的权力。毫无疑问，她的愿望传递给了我。因此，我一生的使命就是接受高等教育，成为一名受人尊敬的专业人士。

总结

15世纪，朝鲜王朝接受了新儒家的思想。从17世纪开始，儒家学说开始在韩国普及，并成为一种被广泛接受的生活方式。在这种社会，韩国女人的生活被囿于家中。

自1945年的抗日解放战争和1950年的朝鲜战争以来，韩国在政治、文化、经济和宗教方面都经历了剧烈的变革。与此同时，韩国迅速实现了工业化，成就了一个经济奇迹。韩国文化从大家族转变为核心家庭。女人的生活也发生了巨大变化。韩国女人似乎已经从诸多的儒家道德观和价值观中解放出来。

在这个快速转型的韩国社会，我们看到了三代人共存：母亲为她的家庭尤其是孩子牺牲自己的生活，她的孩子们长大之后取得职业和经济上的成功。嫁给这些成功男人的女人成了有购买力的消费者、野心勃勃的投资者，并对孩子的教育和婚姻充满了雄心壮志。在繁荣的韩国长大的女人变得以消费为导向，她们创造了一种迷人的、性感的和温顺的新型女性气质。

尽管外在已发生了翻天覆地的变化，但韩国女人的文化理想（自我理想）似乎还没有追上外在变化的步伐。

在每一个临床案例中，我们都可以找到朝鲜历史上各个时期的文化价值观的残留。我们看到，无论是身在美国，还是身在韩国，这些价值观一直存在于这三代女性的无意识之中。一边是对古老传统的无意识的忠诚，一边是自己想要的理想婚姻和生活，这些女人左右摇摆，身陷冲突的泥潭。

参考文献

Abelin, E. (1971). The role of the father in the separation–individuation process. In: J. McDevitt & C. Settlage (Eds.), *Separation–Individuation* (pp. 229–252). New York: International Universities Press.

Abelin, E. (1980). Triangulation, the role of the father and the origins of core gender identity during the rapprochement subphase. In: R. F. Lax, S. Bach, & J. A. Burland (Eds.), *Rapprochement* (pp. 151–170). New York: Jason Aronson.

Abelin-Sas, G. (1994). The headless woman: Scheherezade's syndrome. In: A. K. Richards & A. D. Richards (Eds.), *The Spectrum of Psychoanalysis: Essays in Honor of Martin S. Bergmann*. New York: International Universities Press.

Abelin-Sas, G. (2004). Malignant passionate attachments. *Aperturas Psiconanalíticas, 1*.

Abraham, K. (1966). *On Character and Libido Development: Six Essays*, ed. with intro. by B. D. Lewin, tr. D. Byran & A. Strachey. New York: W. W. Norton.

Aisenstein, M. (2006). The indissociable unity of psyche and soma: A view from the Paris Psychosomatic School. *International Journal of Psychoanalysis, 87:* 667–680.

Akhtar, S. (1999). The distinction between needs and wishes: Implications for psychoanalytic theory and technique. *Journal of the American Psychoanalytic Association, 47*: 113–151.

Alizade, A. M. (1999a). *Feminine Sensuality*. London: Karnac.

Alizade, A. M. (1999b). *La mujer sola. Ensayo sobre la dama andante en Occidente* [The lone woman: Essay on the woman walking in the West]. Buenos Aires: Lumen.

Alizade, A. M. (2000a). Algunas consideraciones para enmarcar el estudio de los sexos y los generos [Some considerations on sex and gender]. In: *Cénarios Femininos*. Brazil: Ed Imago.

Alizade, A. M. (2000b). "El final del complejo de Edipo en la mujer. De la duplicación a la individuación" [The end of the Oedipus complex in the woman: From duplication to individuation]. Paper presented at the Argentine Psychoanalytical Association.

Alizade, A. M. (2004a). Relaciones lógicas y controversias entre género y psicoanálisis [Logical relations and controversies between gender and psychoanalysis]]. In: A. M. Alizade & T. Lartigue (Eds.), *Psicoanálisis y Relaciones de Género* (pp. 17–36). Buenos Aires, Lumen.

Alizade, A. M. (2004b). *La cuarta serie complementaria en psicoanálisis* [The fourth complementary series in psychoanalysis]. Unpublished.

Alizade, A. M. (2004c). Enigma de mujer. Enigma de la creación [The enigma of woman: Creation's enigma]. *Revista Agenda-Imago, 81*: 25–30.

Alizade, A. M. (2006). El deseo fusional en las mujeres [The wish for fusion in women]. *Revista Actualidad Psicológica, 31* (345): 30–32.

Alizade, A. M. (2007). Escenarios masculinos vulnerables [Vulnerable masculine scenarios]. *Revista de Psicoanálisis, Sociedad Peruana de Psicoanálisis, 5:* 25–39.

Alizade, A. M. (2008). *La pareja rota. Estudio sobre el divorcio* [The broken couple: An essay on divorce]. Buenos Aires: Editorial Lumen.

André, J. (1995). *Aux origines féminines de la sexualité* [The female origins of sexuality]. Paris: Presses Universitaires de France.

Aristophanes (411 BC). *Lysistrata.* Harmondsworth: Penguin Classics, 1973.

Bacal, H. A., & Newman, K. M. (1990). *Theories of Object Relations: Bridges to Self Psychology.* New York: Columbia University Press.

Baker Miller, J. (1976). *Toward a New Psychology of Women.* Boston, MA: Beacon Press.

Balsam, R. H. (1996). The pregnant mother and the body image of the daughter. *Journal of the American Psychoanalytic Association, 44*: 401–427.

Balsam, R. H. (2000). The mother within the mother. *Psychoanalytic Quarterly, 69*: 465–492.

Balsam, R. H. (2001). Integrating male and female elements in a woman's gender identity. *Journal of the American Psychoanalytic Association, 49*: 1335–1360.

Baranger, M., & Baranger, W. (2009). *The Work of Confluence: Listening and Interpreting in the Psychoanalytic Field*, ed. L. Glocer Fiorini. London: Karnac.

Barnett, M. C. (1966). Vaginal awareness in the infancy and childhood of girls. *Journal of the American Psychoanalytic Association, 14*: 129–141.

Beauvoir, S. de (1949). *The Second Sex*, tr. H. M. Parshley. Harmondsworth: Penguin, 1972; New York: Random House, 1974. New York: Alfred A. Knopf, 1993. [Originally published as *Le deuxième sexe*. Paris: Gallimard.]

Beebe, B., Lachman, F., & Jaffe, J. (1997). Mother–infant interaction structures and presymbolic self and object representations, *Psychoanalytic Dialogues, 7*: 133–192.

Beebe, B., Rustin, J., Sorter, D., & Knoublauch, S. (2005). *Forms of Intersubjectivity in Infant Research and Adult Treatment.* New York: Other Press.

Bégoin-Guignard, F. (1988). Le rôle des identifications maternelles et féminines dans le devenir de la masculinité du garçon [The role of maternal and feminine identifications in the evolution of masculinity in boys]. *Adolescence, 6* (1): 49–74.

Bem, S. L. (1993). *The Lenses of Gender.* New Haven, CT: Yale University Press.

Benjamin, J. (1988). *The Bonds of Love: Psychoanalysis, Feminism and the Problem of Domination.* New York: Pantheon.

Benjamin, J. (1991). Father and daughter: Identification with difference. A contribution to gender heterodoxy. *Psychoanalytic Dialogues, 1*: 3.

Benjamin, J. (1995). *Like Subjects, Love Objects.* New Haven, CT: Yale University Press.

Benjamin, J. (1998). *Shadow of the Other: Intersubjectivity and Gender in Psychoanalysis.* New York: Routledge.

Benjamin, J. (2004). Deconstructing femininity: Understanding "passivity" and the daughter position. *Annual of Psychoanalysis, 32*: 45–57.

Bergmann, M. (2000). *What I Heard in the Silence: Role Reversal, Trauma and Creativity in the Lives of Women.* Madison, CT: International Universities Press.

Bernardez-Bonesatti, T. (1978). Women and anger: Conflicts with aggression in contemporary women. *Journal of American Women Analysts, 33*: 215–219.

Bernstein, D. (1990). Female genital anxieties, conflicts and typical mastery modes. *International Journal of Psychoanalysis, 71*: 151–165.

Bernstein, D. (1993). *Female Identity Conflict in Clinical Practice.* Northvale, NJ: Jason Aronson.

Bleger, J. (1963). *Psicología de la Conducta* [The psychology of behaviour]. Buenos Aires: Eudeba, 1966.

Bokanowski, T. (1998). *De la pratique psychanalytique.* Paris: Presses Universitaires de France. [*The Practice of Psychoanalysis*, tr. D. Alcorn. London: Karnac, 2006.]

Bourdieu, P. (1998). *Masculine Domination*, Cambridge: Polity Press, 2001.

Bowlby, J. (1969). *Attachment and Loss, Vol. 1: Attachment.* New York: Basic Books.

Braunschweig, D., & Fain, M. (1975). *La nuit, le jour. Essai psychanalytique sur le fonctionnement mental* [Night, day: A psychoanalytic essay on mental functioning]. Paris: Presses Universitaires de France.

Britton, R. (1989). The missing link: Parental sexuality in the Oedipus complex. In: *The Oedipus Complex Today*, ed. J. Steiner (pp. 83–101). London: Karnac.

Brown, L. J. (2002). The early oedipal situation: Developmental, theoretical, and clinical implications. *Psychoanalytic Quarterly, 71*: 273–300.

Burch, B. (1993). Gender identities, lesbianism, and potential space. *Psychoanalytic Psychology, 10:* 359–375.

Burch, B. (1997). *Other Women.* New York: Columbia University Press.

Butler, J. (1990). *Gender Trouble.* New York: Routledge.

Butler, J. (1993a). *Bodies that Matter: On the Discursive Limits of Sex.* London: Routledge.

Butler, J. (1993b). Introduction. In: *Bodies that Matter: On the Discursive Limits of Sex.* New York: Routledge.

Butler, J. (1995). Melancholy gender-refused identification. *Psychoanalytic Dialogues, 5*: 165–180.

Cartwright, D. (2004). The psychoanalytic research interview: Preliminary suggestions. *Journal of the American Psychoanalytic Association, 52:* 209–242.

Castoriadis, C. (1998). *Figures of the Thinkable.* Stanford, CA: Stanford University Press, 2007.

Castoriadis, C. (2002). *Sujeto y verdad en el mundo histórico-social* [Subject and truth in the socio-historical world]. Buenos Aires: Fondo de Cultura Económica, 2004.

Cha, J. H., Chung, B. M., & Lee, S. J. (1977). Boy preference reflected in Korean folklore. In: S. Mattielli (Ed.), *Virtues in Conflict: Tradition and the Korean Woman Today*. Seoul: Royal Asiatic Society.

Chasseguet-Smirgel, J. (1970). Feminine guilt and the Oedipus complex. In: J. Chasseguet-Smirgel (Ed.), *Female Sexuality: New Psychoanalytic Views* (pp. 94–134). Ann Arbor, MI: University of Michigan Press.

Chasseguet-Smirgel, J. (2005). *The Body as Mirror of the World*, tr. S. Leighton. London: Free Association Books.

Cho, H. J. (1998). Male dominance and mother power: The two sides of Confucian patriarchy in Korea. In: W. H. Slote & G. A. DeVos (Eds.), *Confucianism and Family* (pp. 190–201). Albany, NY: State University of New York Press.

Cho, H. J. (2002). Living with conflicting subjectivity: Mother, motherly wife, and sexy woman in the transition from colonial-modern to post-modern Korea. In: L. Kendall (Ed.), *Under Construction: The Gendering of Modernity, Class, and Consumption in the Republic of Korea*. Honolulu: University of Hawaii Press.

Cho, Y. J. (1996). *New Writings about Marriage*. Seoul: Another Culture.

Chodorow, N. J. (1978). *The Reproduction of Mothering: Psychoanalysis and the Sociology of Gender*. Berkeley, CA: University of California Press.

Chodorow, N. J. (1989). *Feminism & Psychoanalytic Theory*. New Haven, CT: Yale University Press.

Chodorow, N. J. (1994a). Family structure and feminine personality. In: *The Homeric Hymn to Demeter* (pp. 243–265). Princeton, NJ: Princeton University Press.

Chodorow, N. J. (1994b). *Femininities, Masculinities, Sexualities: Freud and Beyond*. London: Free Association Books.

Chodorow, N. J. (1996). Theoretical gender and clinical gender: Epistemological reflections on the psychology of women. *Journal of the American Psychoanalytic Association, 44S*: 215–238.

Chodorow, N. J. (2000). Reflections on the reproduction of mothering: Twenty years later. *Studies in Gender and Sexuality, 1*: 337–348.

Cixous, H., & Clément, C. (1986). *The Newly Born Woman*, tr. B. Wing. Manchester: Manchester University Press.

Clower, V. (1990). The acquisition of mature femininity. In: M. Notman & C. Nadelson (Eds.), *Women and Men: New Perspectives on Gender Differences* (pp. 75–88). Washington, DC: American Psychoanalytic Press.

Coates, S. (2006). Developmental research on childhood gender identity disorder. In: P. Fonagy, R. Krause, & M. Leuzinger-Bohleber (Eds.), *Identity, Gender, and Sexuality, 150 Years after Freud*. London: IPA.

Coates, S., & Wolfe, S. M. (1995). Gender identity disorder in boys: The interface of constitution and early experience. *Psychoanalytic Inquiry, 15*: 6–38.

Corbett, K. (2001). Nontraditional family romance, *Psychoanalytic Quarterly, 70:* 599–624.

Cornell, D. (1991). *Beyond Accommodation: Ethical Feminism, Deconstruction and the Law*. New York: Routledge.

Cournut, J. (2001). *Pourquoi les hommes ont peur des femmes* [Why men are afraid of women]. Collection "Quadrige". Paris: Presses Universitaires de France, 2006.

Cournut-Janin, M., & Cournut, J. (1993). La castration et le féminin dans les deux sexes [Castration and the feminine dimension in both sexes]. (Report delivered at the 53rd Congress of French-speaking Psychoanalysts from the Romance Language countries.) *Revue Française de Psychanalyse, 57*: 1335–1558. [Special Congress Issue]

Creith, E. (1996). *Undressing Lesbian Sex: Popular Images, Private Acts and Public Consequences.* London: Cassell.

David-Ménard, M. (1997). *Les constructions de l'universel.* Paris: Presses Universitaires de France. [*Constructions of the Universal*, tr. D. Davis. Albany, NY: SUNY Press.]

Deleuze, G. (1995). *Conversaciones* [Conversations]. Valencia: Pre-Textos.

Deleuze, G., & Guattari, F. (1980). *Mil Mesetas* [A thousand plateaux]. Valencia: Pre-Textos, 1994.

Deleuze, G., & Parnet, C. (1977). *Diálogos.* Valencia: Pre-Textos, 1980. [*Dialogues.* London: Athlone, 2002].

de Marneffe, D. (1997). Bodies and words: A study of young children's genital and gender knowledge. *Gender & Psychoanalysis, 2*: 3–33.

Derrida, J. (1987). *Deconstruction and Philosophy: The Texts of Jacques Derrida.* Chicago: University of Chicago Press, 1989.

Deuchler, M. (1977a). The tradition: Women during the Yi Dynasty. In: S. Mattielli (Ed.), *Virtues in Conflict: Tradition and the Korean Woman of Today.* Seoul: Royal Asiatic Society.

Deuchler, M. (Ed.) (1977b). *Virtues in Conflict: Tradition and the Korean Woman Today.* Seoul: Royal Asiatic Society.

Deuchler, M. (1992a). Confucian legislation: The consequences for women. In: *The Confucian Transformation of Korea: A Study of Society and Ideology.* (Harvard-Yenching Institute Monograph Series published by the Council on East Asian Studies.) Cambridge, MA: Harvard University Press.

Deuchler, M. (1992b). The pre-Confucian past: A reconstruction of Koryo society. In: *The Confucian Transformation of Korea: A Study of Society and Ideology.* (Harvard-Yenching Institute Monograph Series published by the Council on East Asian Studies.) Cambridge, MA: Harvard University Press.

Deutsch, H. (1932). Homosexuality in women. *International Journal of Psychoanalysis, 14* (1933): 34.

Diamond, M. (2004). The shaping of masculinity: Revisioning boys turning away from their mothers to construct male gender identity. *International Journal of Psychoanalysis, 85*: 359–380.

Diamond, M., & Sigmundson, H. K. (1997). Sex reassignment at birth: Long-term review and clinical implications. *Archives of Pediatric and Adolescent Medicine, 151* (3): 298–304.

Dimen, M. (1991). Deconstructing difference: Gender, splitting and transitional space. *Psychoanalytic Dialogues, 1*: 335–353.

Dinnerstein, D. (1976). *The Rocking of the Cradle and the Ruling of the World.* London: Women's Press, 1987.

Dio Bleichmar, E. (1991). *El Feminismo Espontáneo de la Histeria* [The spontaneous feminism of hysteria]. Madrid: Siglo XXI.

Dio Bleichmar, E. (1992). What is the role of gender in hysteria? *Interna-

tional Forum of Psychoanalysis, 1: 155–162.

Dio Bleichmar, E. (1995). The secret in the constitution of female sexuality: The effects of the adult sexual look upon the subjectivity of the girl. *Journal of Clinical Psychoanalysis, 4*: 331–342.

Dio Bleichmar, E. (1997). *La sexualidad femenina. De la niña a la mujer* [Feminine sexuality: From the girl to the woman]. Barcelona: Paidós.

Dio Bleichmar, E. (2002). Sexualidad y género. Nuevas perspectivas en el psicoanálisis contemporáneo [Sexuality and gender: New perspectives in contemporary psychoanalysis]. *Aperturas Psicoanalíticas, 11* (www.aperturas.org).

Dio Bleichmar, E. (2006). The place of motherhood in primary femininity. In: A. M. Alizade (Ed.), *Motherhood in the Twenty-First Century*. London: Karnac.

Dio Bleichmar, E. (2008). Relational gender compensation of the imbalanced self. *Studies in Gender and Sexuality, 9* (3): 258–273.

Domenici, T., & Lesser, R. C. (1995). *Disorienting Sexuality: Psychoanalytic Reappraisals of Sexual Identities*. London: Routledge.

Dorsey, D. (1996). Castration anxiety or genital anxiety? *Journal of the American Psychoanalytic Association, 44*: 283–302. [Supplement: The Psychology of Women]

Easser, R. (1975). "Womanhood." Paper presented to the American Psychoanalytic Association Annual Meeting, as part of a panel on "The psychology of women: Late adolescence and early adulthood." *Journal of the American Psychoanalytic Association, 24*: 631–645, 1976.

Edgecumbe, R., Lunberg, S., Markowitz, R., & Salo, F. (1976). Some comments on the concept of the negative oedipal phase in girls. *Psychoanalytic Study of the Child, 31*: 35–61.

Elise, D. (1997). Primary femininity, bisexuality and the female Ego Ideal: A re-examination of the female developmental theory. *Psychoanalytic Quarterly, 66*: 489–517.

Elise, D. (1998a). Gender configurations: Relational patterns in heterosexual, lesbian and gay couples. *Psychoanalytic Review, 85*: 253–267.

Elise, D. (1998b). Gender repertoire: Body, mind, and bisexuality. *Psychoanalytic Dialogues, 8*: 353–371.

Elise, D. (2007). The black man and the mermaid. *Psychoanalytic Dialogues, 17*: 791–809.

Erasmus of Rotterdam (1511). *The Praise of Folly*. Harmondsworth: Penguin Classics, 1993.

Fast, I. (1979). Developments in gender identity: Gender differentiation in girls. *International Journal of Psychoanalysis, 60*: 443–453.

Fast, I. (1984). *Gender and Identity: A Differentiation Model*. Hillsdale, NJ: Analytic Press.

Fast, I. (1990). Aspects of early gender development: Toward a reformulation. *Psychoanalytic Psychology, 78*: 105–107.

Faure-Oppenheimer, A. (1980). *Le choix du sexe* [Gender selection]. Paris: Presses Universitaires de France.

Ferenczi, S. (1938). Thallassa: A theory of genitality. *Psychoanalytic Quarterly, 2*: 361–364.

Fischer, R. S. (2002). Lesbianism: Some developmental and psychodynamic considerations. *Psychoanalytic Inquiry, 22*: 278–295.

Fliegel, Z. O. (1982). Half a century later: Current status of Freud's controversial views on women. *Psychoanalytic Review, 69* (1): 7–28.

Foley, H. P. (1994). *The Homeric Hymn to Demeter.* Princeton, NJ: Princeton University Press.

Fonagy, P. (2003). Some complexities in the relationship of psychoanalytic theory to technique. *Psychoanalytic Quarterly, 72*: 13–47.

Fonagy, P. (2008). A genuinely developmental theory of sexual enjoyment and its implications for psychoanalytic technique. *Journal of the American Psychoanalytic Association, 56*: 11–36.

Foucault, M. (1966). *The Order of Things.* London: Routledge, 2001.

Frenkel, R. S. (1996). A reconsideration of object choice in women: Phallus or fallacy. *Journal of the American Psychoanalytic Association, 44*: 133–156.

Freud, S. (1895d). *Studies on Hysteria. S.E., 2.*

Freud, S. (1896b). Further remarks on the neuro-psychoses of defence. *S.E., 3*: 159.

Freud, S. (1896c). The aetiology of hysteria. *S.E., 3*: 189.

Freud, S. (1900a). *The Interpretation of Dreams. S.E., 4.*

Freud, S. (1905d). *Three Essays on the Theory of Sexuality. S.E., 7*: 135–243.

Freud, S. (1906a). My views on the part played by sexuality in the aetiology of the neuroses. *S.E., 7*: 271.

Freud, S. (1908c). On the sexual theories of children. *S.E., 9.*

Freud, S. (1909b). Analysis of a phobia in a five-year-old boy. *S.E., 10.*

Freud, S. (1910a [1909]). Five lectures on psychoanalysis. *S.E., 11*: 9–59.

Freud, S. (1910h). A special type of choice of object made by men (Contributions to the psychology of love, I). *S.E., 11*: 167.

Freud, S. (1912d). On the universal tendency to debasement in the sphere of love (Contributions to the psychology of love, II). *S.E., 11*: 179.

Freud, S. (1912f). Contributions to a discussion on masturbation. *S.E., 12*: p. 243.

Freud, S. (1912–13). *Totem and Taboo. S.E., 13.*

Freud, S. (1913f). The theme of the three caskets. *S.E., 12*: 289–301.

Freud, S. (1913i). The disposition to obsessional neurosis. *S.E., 12*: 313.

Freud, S. (1914c). On narcissism: An introduction. *S.E., 14.*

Freud, S. (1914d). On the history of the psycho-analytic movement. *S.E., 14*: 3.

Freud, S. (1915a [1914]). Observations on transference-love (Further recommendations on the technique of psycho-analysis, III). *S.E. 12*: 149.

Freud, S. (1915c). *Instincts and Their Vicissitudes. S.E., 14.*

Freud, S. (1916–1917). *Introductory Lectures on Psycho-Analysis. S.E., 15 & 16.*

Freud, S. (1917c). On transformations of instinct as exemplified in anal erotism. *S.E., 17.*

Freud, S. (1918a [1917]). The taboo of virginity (Contributions to the psychology of love, III). *S.E., 11*: 198–199.

Freud, S. (1919e). A child is being beaten. *S.E., 18*: 67–144.

Freud. S. (1919h). The uncanny. *S.E., 17.*

Freud, S. (1920g). *Beyond the Pleasure Principle. S.E., 18*: 1.
Freud, S. (1921c). *Group Psychology and the Analysis of the Ego. S.E., 18*: 67.
Freud, S. (1923b). *The Ego and the Id. S.E., 19*.
Freud, S. (1923e). The infantile genital organization: An interpolation into the theory of sexuality. *S.E., 19*.
Freud, S. (1924c). The economic problem of masochism. *S.E., 19:* 157.
Freud, S. (1924d). The dissolution of the Oedipus Complex. *S.E., 19*.
Freud, S. (1925d [1924]). *An Autobiographical Study. S.E., 20*: 3.
Freud, S. (1925j). Some psychical consequences of the anatomical distinction between the sexes. *S.E. 19*: 248–258.
Freud, S. (1930a [1929]). *Civilization and Its Discontents. S.E., 21:* 59–145.
Freud, S. (1931b). Female sexuality. *S.E. 21:* 221–243.
Freud, S. (1933). Femininity [Lecture XXXIII]. In: *New Introductory Lectures on Psycho-Analysis. S.E., 22:* 112–134.
Freud, S. (1933a). *New Introductory Lectures on Psycho-Analysis. S.E., 22:* 1–182.
Freud, S. (1937c). Analysis terminable and interminable. *S.E., 23:* 209–253.
Freud, S. (1940a [1938]). *An Outline of Psycho-Analysis. S.E., 23:* 141.
Freud, S. (1950a [1887–1902). *The Origins of Psycho-Analysis.. S.E., 1*.
Freud, S. (1950 [1892–1899]). Extracts from the Fliess Papers [Draft G, Melancholia]. *S.E., 1*.
Freud, S. (1950 [1895]). Project for a scientific psychology. *S.E. 1*.
Freud, S. (1963). *Letters of Sigmund Freud*. New York: Basic Books, 1960.
Fritsch, E., Ellman, P., Basseches, H., Elmendorf, S., Goodman, N., Helm, F., et al. (2001). The riddle of femininity: The interplay of primary femininity and the castration complex in analytic listening. *International Journal of Psychoanalysis, 82*: 1171–1183.
Galenson, E. (1971). A consideration of the nature of thought in childhood play. In: J. B. McDevitt & C. F. Settlage (Eds.), *Separation–Individuation: Essays in Honor of Margaret S. Mahler* (pp. 41–49). New York: International Universities Press.
Galenson, E., & Roiphe, H. (1971). The impact of early sexual discovery on mood defensive organization and symbolization. *Psychoanalytic Study of the Child, 26:* 195–216.
Galenson, E., & Roiphe, H. (1974). The emergence of genital awareness during the second year of life. In: R. C. Friedman, R. M. Richart, & R. L. Van de Wiele (Eds.), *Sex Differences in Behavior* (pp. 223–231). New York: Wiley .
Galenson, E., & Roiphe, H. (1976). Some suggested revisions concerning early female development, *Journal of the American Psychoanalytic Association, 24* (Suppl.): 29–57.
Garbarino, H. (1990). *El ser en psicoanálisis* [The self in psychoanalysis]. Montevideo: Eppal Ltda.
Gedo, J. (1988). *The Mind in Disorder: Psychoanalytic Models of Pathology*. Hillsdale, NJ: Analytic Press.
Gedo, J. (1989). *Portraits of the Artist*. New York: Guilford Press.
Gedo, J. (1996). The artist and the emotional world: Creativity and person-

ality. In: A. Cooper & S. Marcus (Eds.), *Psychoanalysis and Culture*. New York: Columbia University Press.

Gilligan, C. (1982). *In a Different Voice: Psychological Theory and Women's Development*. Cambridge, MA: Harvard University Press.

Glocer Fiorini, L. (1994). La posición femenina: Una construcción heterogénea [The feminine position: A heterogeneous construction]. *Revista de Psicoanálisis, 51* (3): 587–603.

Glocer Fiorini, L. (1996). En los límites de lo femenino. Lo otro [At the edge of the feminine: The other]. *Revista de Psicoanálisis, 53* (2): 429–443.

Glocer Fiorini, L. (1998). The feminine in psychoanalysis: A complex construction. *Journal of Clinical Psychoanalysis, 7*: 421–439.

Glocer Fiorini, L. (2001a). El deseo de hijo. De la carencia a la producción deseante [The desire for a child: From lack to wishful reproduction]. *Revista de Psicoanálisis, 58* (4): 965–976.

Glocer Fiorini, L. (2001b). *Lo femenino y el pensamiento complejo* [The feminine and the complex thought]. Buenos Aires: Lugar Editorial.

Glocer Fiorini, L. (2006). Las mujeres en el contexto y el texto freudianos [Women in the Freudian context and text]. *Revista de Psicoanálisis, 63* (2): 311–323.

Glocer Fiorini, L. (2007). *Deconstructing the Feminine: Psychoanalysis, Gender and Theories of Complexity*. London: Karnac.

Glocer Fiorini, L. (2008). Verso una decostruzione del femminile inteso come altro [Towards a deconstruction of the feminine as an other]. *Psicoterapia Psicoanalitica* (Bologna), *15*: 2.

Glocer Fiorini, L., & Gimenez de Vainer, A. (2008). Entrevista a Judith Butler [Interview with Judith Butler]. In: L. Glocer Fiorini (Ed.), *El cuerpo. Lenguajes y silencios* [The body: Languages and silences] (pp. 83–91). Buenos Aires: APA & Lugar Editorial.

Goldner, V. (1991). Toward a critical relational theory of gender. *Psychoanalytic Dialogues, 1*: 249–272.

Goldner, V. (2005). Ironic gender, authentic sex. In: L. K. Toronto, G. Ainslie, M. Walsh Donovan, M. Kelly, C. Kieffer, & N. McWilliams (Eds.), *Psychoanalytic Reflections on a Gender-free Case: Into the Void* (chap. 17). London: Routledge.

Green, A. (1986). Féminité et masculinité [Femininity and masculinity]. *Bulletin de la Société Psychanalytique de Paris, 9*: 21–30.

Green, A. (1990). Lo originario en el psicoanálisis [The originary in psychoanalysis]. *Revista de Psicoanálisis, 47* (3): 413–418.

Green, A. (1995). *La métapsychologie revisitée* [Metapsychology revisited]. Paris: Champ Vallon.

Green, A. (1997). *The Chains of Eros: The Sexual in Psychoanalysis*, tr. L. Thurston. London: Karnac, 2000.

Greenacre, P. (1950). Special problems of early female sexual development. In: *Trauma, Growth and Personality* (pp. 237–258). New York: International Universities Press, 1969.

Greenacre, P. (1952). *Trauma, Growth, and Personality*. New York: International Universities Press, 1969.

Greenacre, P. (1958). Early physical determinants in the development of the sense of identity. In: *Emotional Growth* (pp. 113–127). New York: International Universities Press, 1971.

Greenson, R. (1968). Dis-identifying from mother: Its special importance for the boy. *International Journal of Psychoanalysis, 49*: 370–374.

Grossman, W. I., & Kaplan, D. M. (1988). Three commentaries on gender in Freud's thought. In: H. Blum, Y. Kramer, A. K. Richards, & A. D. Richards (Eds.), *Fantasy, Myth and Reality* (pp. 339–370). Madison, CT: International Universities Press.

Grossman, W. I., & Stewart, W. A. (1976). Penis envy: From childhood wish to developmental metaphor. *Journal of the American Psychoanalytic Association, 24*: 193–213. Also in: H. Blum (Ed.), *Female Psychology* (pp. 193–212). New York: International Universities Press. .

Guignard, F. (1997). *Épître à l'objet* [Epistle to the object]. ("Épîtres" series.) Paris: Presses Universitaires de France.

Harris, A. (1991). Gender as contradiction. *Psychoanalytic Dialogues, 1*: 197–233.

Heineman, T. (2006). Reconstructing Oedipus? Considerations of the psychosexual development of boys of lesbian parents. In: *Motherhood in the Twenty-First Century* (pp. 85–96). London: Karnac.

Héritier, F. (2007). *Masculino–Femenino, II* [Masculine and Feminine, II]. Buenos Aires: Fondo de Cultura Económica.

Herzog, J. (2001). Dr. C: Trauma and character. In: *Father Hunger: Explorations with Adults and Children*. Hillsdale, NJ: Analytic Press.

Herzog, J. (2005). Triadic reality and the capacity to love. *Psychoanalytic Quarterly, 74*: 1029–1052.

Hoffman, L. (1999). Passions in girls and women. *Journal of the American Psychoanalytic Association, 47*: 1145–1168.

Holtzman, D., & Kulish, N. (1996). Nevermore: The hymen and the loss of virginity. *Journal of the American Psychoanalytic Association, 44*: 303–332.

Holtzman, D., & Kulish, N. (1997). *Nevermore: The Hymen and the Loss of Virginity*. Northvale, NJ: Jason Aronson.

Holtzman, D., & Kulish, N. (2000). The feminization of the female oedipal complex, Part 1: A reconsideration of the significance of separation issues. *Journal of the American Psychoanalytic Association, 48*: 1413–1437.

Holtzman, D., & Kulish, N. (2003). The feminization of the female oedipal complex, Part II: A reconsideration of the significance of aggression. *Journal of the American Psychoanalytic Association, 51*: 1127—1151.

Horney, K. (1924). On the genesis of the castration complex in women. *International Journal of Psychoanalysis, 5*: 50–65. Also in: H. Kelman (Ed.), *Feminine Psychology* (pp. 37–53). New York: W. W. Norton, 1993.

Horney, K. (1926). The flight from womanhood: The masculinity complex in women as viewed by men and women. *International Journal of Psychoanalysis, 7*: 324–329. Also in: H. Kelman (Ed.), *Feminine Psychology* (pp. 54–70). New York: W. W. Norton, 1967.

Horney, K. (1932). The dread of woman. In: H. Kelman (Ed.), *Feminine*

Psychology (pp. 133–146). New York: W. W. Norton, 1967.
Horney, K. (1933). The phallic phase. *International Journal of Psychoanalysis, 14*: 1–33.
Irigaray, L. (1985a). *Female Hom(m)osexuality: Speculum of the Other Woman,* tr. G. Gill (pp. 98–104). Ithaca, NY: Cornell University Press.
Irigaray, L. (1985b). *This Sex Which Is Not One,* tr. C. Porter. Ithaca: Cornell University Press.
Israël, L. (1979). *La histeria, el sexo y el médico* [Hysteria, sex, and the physician]. Barcelona: Toray-Masson.
Jacobson, E. (1968). On the development of the girl's wish for a child. *Psychoanalytic Quarterly, 37*: 523–558 (1950).
Jones, E. (1927). The early development of female sexuality. *International Journal of Psychoanalysis, 8*: 459–472.
Jones, E. (1933). The phallic phase. *International Journal of Psychoanalysis, 14*: 1–13.
Jones, E. (1935). Early female sexuality. *International Journal of Psychoanalysis, 16*: 263–273.
Kantrowitz, J. J. (1997). A different perspective on the therapeutic process: The impact of the patient on the analyst. *Journal of the American Psychoanalytic Association, 45*: 127–153.
Kaplan, D. M. (1990). Some theoretical and technical aspects of gender and social reality in clinical psychoanalysis. *Psychoanalytic Study of the Child, 45*.
Kaplan, L. J. (1991). *Female Perversions: The Temptations of Emma Bovary.* New York: Doubleday.
Kavaler-Adler, S. (2000). *The Compulsion to Create Women Writers and Their Demon Lovers.* New York: Other Press.
Kestenberg, J. (1956). Vicissitudes of female sexuality. *Journal of the American Psychoanalytic Association, 4*: 453–476.
Kestenberg, J. (1968). Outside and inside, male and female. *Journal of the American Psychoanalytic Association, 16*: 456–520.
Kestenberg, J. (1982). The inner-genital phase: Prephallic and preoedipal. In: D. Mendell (Ed.), *Early Female Development: Current Psychoanalytic Views.* New York: Spectrum.
Kim, C. U. (1988). On male chauvinistic cultural attitudes. In: *Korean Women Today, Vol. 19.* Seoul: Korean Women's Development Institute.
Kleeman, J. A. (1976). Freud's views on early female sexuality in the light of direct child observation. *Journal of the American Psychoanalytic Association, 24S*: 3–26.
Klein, M. (1928). Early stages of the oedipal conflict. In: *The Psychoanalysis of Children* (pp. 179–209). New York: Grove, 1960.
Klein, M. (1945). The Oedipus complex in the light of early anxieties. *International Journal of Psychoanalysis, 26*: 11–33.
Kramer-Richards, A. (1996). What is new with women? *Journal of the American Psychoanalytic Association, 44*: 1227–1241.
Kristeva, J. (1984). *Revolution in Poetic Language,* tr. M. Waller. New York: Columbia University Press. Also in: *The Kristeva Reader,* ed. T. Moi. Oxford: Blackwell, 1986.

Kristeva, J. (1989). *Black Sun: Depression and Melancholia.* New York: Columbia University Press.

Kubie, L. S. (1974). The drive to become both sexes. *Psychoanalytic Quarterly, 43*: 349–426.

Kubie, L. S. (1975). The language tools of psychoanalysis: A search for better tools drawn from better models. *International Review of Psycho-Analysis, 2*: 11–24.

Kulish, N. (2000). Primary femininity: Clinical advances and theoretical ambiguities. *Journal of the American Psychoanalytic Association, 48*: 1355–1379.

Kulish, N. (2006). Frida Kahlo and object choice: A daughter the rest of her life. *Psychoanalytic Inquiry, 26*: 7–31.

Kulish, N., & Holtzman, D. (1998). Persephone, the loss of virginity and the female oedipal complex. *International Journal of Psychoanalysis, 79*: 57–71.

Kulish, N., & Holtzman, D. (2008). A *Story of Her Own: The Female Oedipus Complex Reexamined and Renamed.* New York: Jason Aronson.

Lacan, J. (1955–56). The hysteric's question (II): What is a woman? In: *The Seminar, Book III: The Psychoses.* New York: W. W. Norton, 1993.

Lacan, J. (1964). *The Four Fundamental Concepts of Psychoanalysis,* tr. A. Sheridan. New York: Norton; London: Hogarth Press, 1978.

Lacan, J. (1966). The function and field of speech and language in psychoanalysis. In: *Ecrits.* New York: W. W. Norton, 2007.

Lacan, J. (1972–73). *The Seminar, Book XX: Encore.* New York: W. W. Norton, 2000.

Lacan, J. (1977). The significance of the phallus. In: *Ecrits: A Selection,* tr. A. Sheridan (pp. 281–91). New York: W. W. Norton, 2007.

Lampl-de Groot, J. (1927). The evolution of the Oedipus complex in women. *International Journal of Psychoanalysis, 9* (1928): 332.

Laplanche, J. (1980). *Problématiques II: Castration-Symbolisations* [Problematics II: Castration–symbolization]. Paris: Presses Universitaires de France.

Laplanche, J. (1992). *La révolution Copernicienne inachevée* [The unfinished Copernican revolution]. Paris: Aubier.

Laplanche, J. (1997). The theory of seduction and the problem of the other. *International Journal of Psychoanalysis, 78*: 653–666.

Laplanche, J. (2007). Gender, sex and sexuality. *Studies in Gender and Sexuality, 8*: 201–219.

Laplanche, J., & Pontalis, J.-B. (1973). *The Language of Psychoanalysis.* London: Hogarth Press; reprinted London: Karnac, 1988.

Laqueur, T. (1990). *Making Sex: Body and Gender from the Greeks to Freud.* Cambridge, MA: Harvard University Press.

Lasky, R. (2000). Body ego and the pre-oedipal roots of feminine gender identity. *Journal of the American Psychoanalytic Association, 48*: 1381–1412.

Lax, R. F. (1990). An imaginary brother, his role in the formation of a girl's self-image and ego ideal. *Psychoanalytic Study of the Child, 45*: 257–272.

Lax, R. F. (1995). Freud's views and changing perspectives on femaleness and femininity: What female analysands taught me. *Psychoanalytic Psychology, 12*: 393–406.

Lax, R. F. (1998). *On Becoming and Being a Woman*. New York: Jason Aronson.

Lerner, H. E. (1976). Parental mislabeling of female genitals as a determinant of penis envy and learning inhibitions in women. *Journal of the American Psychoanalytic Association, 24S*: 269–283.

Lerner, H. E. (1980). Internal prohibitions against female anger. *American Journal of Psychoanalysis, 40*: 137–148.

Lévinas, E. (1947). *Time and the Other*. Pittsburgh, PA: Duquesne University Press, 1990.

Levin de Said, A. (2004). *El sostén del ser* [The support of the self]. Buenos Aires: Paidós, Psicología Profunda.

Lewis, R. W. B. (1985). *Edith Wharton*. New York: Fromm International.

Lewkowicz, I. (1997). El género en perspectiva histórica en sexualidad y género [Gender in historical perspective in sexuality and gender]. *Revista Asociación Psicoanalítica de Buenos Aires, 19* (3): 427.

Lichtenberg, J. (2004). Commentary on "the superego": A vital or supplanted concept? *Psychoanalytic Inquiry, 24*: 328–339.

Lichtenstein, H. (1961). Identity and sexuality: A study of their interrelationship in man. *Journal of the American Psychoanalytic Association, 9*: 197–260.

Lombardi, K. (1998). Mother as object, mother as subject: Implications for psychoanalytic developmental theory. *Gender and Psychoanalysis, 1*: 33–46.

Lorde, A. (1982). *Zami: A New Spelling of My Name. A Biomythography*. New York: Persephone Press.

Lyons-Ruth, K. (1991). Rapprochement or approachment: Mahler's theory reconsidered from the vantage point of recent research on early attachment relationship. *Psychoanalytic Psychology, 8*: 1–23.

Lyons-Ruth, K. (1999). The two-person unconscious: Intersubjective dialogues, enactive relational representation and the emergence of new forms of relational organization. *Psychoanalytic Inquiry, 19*: 576–617.

Lyons-Ruth, K. (2006). The interface between attachment and intersubjectivity: Perspective from the longitudinal study of disorganized attachment. *Psychoanalytic Inquiry, 26*: 595–616.

Mahler, M. (1963). Thoughts about development and individuation. *Psychoanalytic Study of the Child, 18*: 307–324.

Mahler, M., Pine, F., & Bergman, A. (1975). *The Psychological Birth of the Human Infant*. London: Hutchinson.

Mahon, E. J. (1991). The "dissolution" of the Oedipus complex: A neglected cognitive factor. *Psychoanalytic Quarterly, 60*: 628–634.

Masson, J. M. (1985). *The Complete Letters of Sigmund Freud to Wilhelm Fliess, 1887–1904*. Cambridge, MA: Harvard University Press.

Mayer, E. L. (1985). Everybody must be just like me: Observations on female castration anxiety. *International Journal of Psychoanalysis, 66*: 331–347.

Mayer, E. L. (1995). The phallic castration complex and primary femininity: Paired developmental lines toward female gender identity. *Journal of the American Psychoanalytic Association, 43*: 17–38.

McDougall, J. (1979). The homosexual dilemma. In: I. Rosen (Ed.), *Sexual Deviation* (pp. 206–245). New York: Oxford University Press.

McDougall, J. (1993). Sexual identity, trauma, and creativity. *International Forum of Psychoanalysis, 2*: 69–79.

McDougall, J. (1995a). The artist and the outer world. *Contemporary Psychoanalysis, 31*: 247–262.

McDougall, J. (1995b). *The Many Faces of Eros: A Psychoanalytic Exploration of Human Sexuality*. London: Free Association Books.

Meissner, W. (2005). Gender identity and the self. II. Femininity, homosexuality, and the theory of the self. *Psychoanalytic Review, 92*: 29–66.

Milner, M. (1950). *On Not Being Able to Paint*. Madison, CT: International Universities Press.

Mitchell, J. (1974). *Psychoanalysis and Feminism*. New York: Pantheon.

Mitchell, J. (1982). Introduction. In: J. Mitchell & J. Rose (Eds.), *Feminine Sexuality: Jaques Lacan & the Ecole Freudienne*. London: Macmillan.

Moi, T. (2004). From femininity to finitude: Freud, Lacan, and feminism, again. *Signs: Journal of Women in Culture and Society, 29*(3): 841–878. Also in: I. Matthis (Ed.), *Dialogues on Sexuality, Gender and Psychoanalysis* (pp. 93–135). London: Karnac.

Money, J. (1955). Hermaphroditism, gender and precocity in hyperadrenocorticism: Psychology findings. *Bulletin of the Johns Hopkins Hospital, 96*: 253–264.

Money, J. (1965). *Sex Research: New Developments*. New York: Holt, Rinehart & Winston.

Money, J. (1988). *Gay, Straight, and In-between*. New York: Oxford University Press.

Money, J., Hampson, J. G., & Hampson, J. I. (1955). An examination of basic sexual concepts: The evidence of human hermaphroditism. *Bulletin of the Johns Hopkins Hospital, 97*: 301–319.

Money, J., & Ehrhardt, A. (1972). *Man and Woman, Boy and Girl: The Differentiation and Dimorphism of Gender Identity from Conception to Maturity*. Baltimore, MD: Johns Hopkins University Press.

Money-Kyrle, R. (1971). The aim of psychoanalysis. *International Journal of Psychoanalysis, 52*: 103–106.

Morin, E. (1990). *Introducción al pensamiento complejo*. [Introduction to complex thought]. Barcelona: Gedisa, 1995.

Moulton, R. (1970). A survey and reevaluation of penis envy. *Contemporary Psychoanalysis, 7*: 84–104.

Mugo, M. G. (1976). From a Zulu woman's diary. In: *Daughter of My People Sing*. Nairobi: East African Literature Bureau.

O'Connor, N., & Ryan, J. (1993). *Wild Desires & Mistaken Identities: Lesbianism and Psychoanalysis*, London: Virago.

Ogden, T. (1994). The analytic third: Working with intersubjective clinical facts. *International Journal of Psychoanalysis, 75*: 3–19.

Orbach, S., & Eichenbaum, L. (1982). *Outside In, Inside Out: A Feminist Psychoanalytic Approach to Women's Psychology*. Harmondsworth: Penguin.

Parens, H. (1990). On the girl's psychosexual development: Reconsiderations suggested from direst observation. *Journal of the American Psychoanalytic Association, 38*: 743–772.

Parens, H., Pollock, L., Stern, J., & Kramer, S. (1976). On the girl's entry into the Oedipus complex. *Journal of the American Psychoanalytic Association, 24*: 79–107.

Payne, S. A. (1935). A conception of femininity. *British Journal of Medical Psychology, 15*: 18–33.

Person, E. S. (2000). "Issues of Power and Aggression in Women." Paper presented at the Winter Meetings of the American Psychoanalytic Association, New York, December.

Person, E. S., & Ovesey, L. (1983). Psychoanalytic theories of gender identity. *Journal of the American Psychoanalytic Association, 11*: 203–226.

Peterson, M. (1983). Women without sons: A measure of social change in Yi Dynasty Korea. In: L. Kendall & M. Peterson (Eds.), *Korean Women: View from the Inner Room*. New Haven, CT: East Rock Press.

Plato (2003). *The Symposium*. Harmondsworth: Penguin Classics.

Plaut, E. A., & Hutchinson, F. L. (1986). The role of puberty in female psychosexual development. *International Review of Psychoanalysis, 13*: 417–432.

Pruett, K. D. (1998). Role of the father. *Pediatrics [Research perspectives], 102*: 1253–1261.

Puget, J. (2003). Intersubjektivität. Krise der Repräsentation [Intersubjectivity: Crisis of representation]. *Psyche: Zeitschrift für Psychoanalyse und Ihre Anwendungen, 9/10*: 914–934.

Raphael-Leff, J. (1986). Facilitators and regulators: Conscious and unconscious processes in pregnancy and early motherhood. *British Journal of Medical Psychology, 59*: 43–55.

Raphael-Leff, J. (1991). *Psychological Processes of Childbearing* (4th edition). London: Anna Freud Centre, 2005.

Raphael-Leff, J. (1993). *Pregnancy—The Inside Story*. London: Karnac, 2001.

Raphael-Leff, J. (1997). The casket and the key: Thoughts on gender and generativity. In: J. Raphael-Leff & R. J. Perelberg (Eds.), *Female Experience: Four generations of British Women Psychoanalysts on Their Work with Female Patients*. New York: Routledge, 2008.

Raphael-Leff, J. (2000a). "Behind the shut door": A psychoanalytical approach to premature menopause. In: D. Singer & M. Hunter (Eds.), *Premature Menopause: A Multidisciplinary Approach*. London: Whurr.

Raphael-Leff, J. (2000b). "Climbing the walls": Puerperal disturbance and perinatal therapy. In: J. Raphael-Leff (Ed.), *Spilt Milk: Perinatal Loss and Breakdown*. London: Routledge.

Raphael-Leff, J. (2002). Eros & ART. In: J. Haynes & J. Miller (Eds.), *Inconceivable Conceptions: Psychotherapy, Fertility and the New Reproductive Technologies*. London: Routledge.

Raphael-Leff, J. (2007). Freud's prehistoric matrix: Owing "nature a death". *International Journal of Psychoanalysis, 88*: 1–28.

Raphael-Leff, J. (2010a). "The Dreamer by Daylight"—Imaginative play, creativity and generative identity. *Psychoanalytic Study of the Child, 64*.

Raphael-Leff, J. (2010b). Parental orientations: Mothers' and fathers' patterns of pregnancy, parenting and the bonding process. In: S. Tyano, M. Keren, H. Herman, & J. Cox (Eds.), *Parenthood and Mental Health: A Bridge between Infant and Adult Psychiatry*. London: Wiley.

Reenkola, E. M. (2002). *The Veiled Female Core*. New York: Other Press.

Reich, A. (1940). A contribution to the psychoanalysis of extreme submissiveness in women. *Psychoanalytic Quarterly, 9*: 470–480.

Reich, A. (1953). Narcissistic object choice in women. *Journal of the American Psychoanalytic Association, 1*: 22–44.

Renik, O. (1993). Analytic interaction: Conceptualizing technique in light of the analyst's irreducible subjectivity. *Psychoanalytic Quarterly, 62*: 553–571.

Richards, A. (1996). Primary femininity and female genital anxiety. *Journal of the American Psychoanalytic Association, 44S*: 261–282.

Ritvo, S. (1989). Mothers, daughters, and eating disorders. In: H. Blum, Y. Kramer, A. K. Richards, & A. D. Richards (Eds.), *Fantasy, Myth, and Reality: Essays in Honor of Jacob A. Arlow* (pp. 371–380). Madison, CT: International Universities Press.

Riviere, J. (1929). Womanliness as a masquerade. *International Journal of Psychoanalysis, 10*: 303–313. Also in: J. Raphael-Leff & R. J. Perelberg (Eds.), *Female Experience: Four Generations of British Women Psychoanalysts on Their Work with Female Patients*. New York: Routledge. And in: V. Burgin, J. Donald, & C. Kaplan (Eds.), *Foundations of Fantasy*. London: Methuen.

Robbins, M. (1996). Nature, nurture and core gender identity. *Journal of the American Psychoanalytic Association, 44S*: 93–117.

Rocah, B. (2009). *The Professor Is Not Always Right (H. D. 1956): Rethinking Freud's 1933 Paper on Femininity*. Unpublished manuscript.

Roiphe, H., & Galenson, E. (1981). *Infantile Origins of Sexual Identity*. Madison, CT: International Universities Press.

Roussillon, R. (2008). Postface. In: J. Schaeffer, *Le refus du féminin (La sphinge et son âme en peine)* (5th edition). Paris: Presses Universitaires de France. [*The Universal Refusal: A Psychoanalytic Exploration of the Feminine Sphere and Its Repudiation*, tr. D. Alcorn. London: Karnac, forthcoming.]

Rubin, G. (1975). The traffic in women: Notes on the "political economy" of sex. In: R. R. Reiter (Ed.), *Toward an Anthropology of Women*. New York: Monthly Review Press.

Saal, F. (1981). Algunas consecuencias políticas de la diferencia psíquica de los sexos. In: M. Lamas & F. Saal (Eds.), *La bella (in)diferencia* (pp. 10–34). Mexico: Siglo XXI.

Sáez, H. (2004). *Teoria queer y psicoanalisis* [Queer theory and psychoanalysis]. Madrid: Editorial Sintesis.

Sandler, J. (1967). Trauma, strain and development. In: S. Furst (Ed.), *Psychic Trauma* (pp. 154–174). New York: Basic Books.

Schaeffer, J. (1997). *Le refus du féminin (La sphinge et son âme en peine)* (5th edition). Paris: Presses Universitaires de France, 2008. [*The Universal Refusal: A Psychoanalytic Exploration of the Feminine Sphere and Its Repudiation*, tr. D. Alcorn. London: Karnac, forthcoming.]

Schaeffer, J. (1998). Que veut la femme? *ou* Le scandale du féminin [What does a woman want? Or, The scandalous nature of the feminine dimension]. In: *Clés pour le féminin (femme, mère, amante et fille). Débats de psychanalyse* [A key to the feminine dimension (Woman, mother, lover and daughter): Psychoanalytic debates.] Paris: Presses Universitaires de France.

Schaeffer, J. (2008). Une symbolisation du sexe féminin est-elle possible? [Can the female sex be symbolized?]. In: B. Chouvier & R. Roussillon (Eds.), *Corps, acte et symbolisation* [Body, acts and symbolization]. Brussels: De Boeck University Editions.

Scharff, J. (1994). *The Autonomous Self: The Work of John D. Sutherland.* Northvale, NJ: Jason Aronson.

Schore, A. (2001). The effects of early relational trauma on right-brain development, affect regulation, and infant mental health, *Infant Mental Health Journal, 22*: 201–269.

Sherfey, M. J. (1966). The evolution and nature of female sexuality in relation to psychoanalytic theory. *Journal of the American Psychoanalytic Association, 14*: 28–128.

Sherman, E. (2002). Homoerotic countertransference: The love that dare not speak its name? *Psychoanalytic Dialogues, 12*: 649–666.

Siegel, D. (2001). Toward an interpersonal neurobiology of the developing mind: Attachment relationships, "mindsight", and neural integration. *Infant Mental Health Journal, 22* (1–2): 67–94.

Socarides, C. (1978). *Homosexuality,* New York: Jason Aronson.

Spinoza, B. (1677). *Ethica Ordine Geometrico Demonstrata* [The ethics]. Project Gutenberg (www.gutenberg.org).

Spitz, R. A. (1962). Autoerotism re-examined. *Psychoanalytic Study of the Child, 17*: 283–315.

Stein, R. (2007). Moments in Laplanche's theory of sexuality. *Studies in Gender and Sexuality, 8*: 177–200.

Stern, D. (1985). *Interpersonal World of the Infant.* New York: Basic Books.

Stoller, R. (1968a). A further contribution to the study of gender identity. *International Journal of Psychoanalysis, 49*: 364–368.

Stoller, R. (1968b). *Sex and Gender.* London: Karnac, 1984.

Stoller, R. (1976). Primary femininity. *Journal of the American Psychoanalytic Association, 24*: 59–78.

Stoller, R. (1985). *Presentations of Gender.* New Haven, CT: Yale University Press.

Stuart, J. (2007). Work and motherhood: Preliminary report of a psychoanalytic study. *Psychoanalytic Quarterly, 76*: 439–485.

Sweetnam, A. (1996). The changing contexts of gender between fixed and fluid experience. *Psychoanalytic Dialogues, 6*: 437–459.

Talbot, M. (2002). Girls just want to be mean. *New York Times,* 24 February, p. 24.

Tessman, L. (1989). Fathers and daughters: Early tones, late echoes. In:

Ticho, G. (1976). Female autonomy and young adult women. *Journal of the American Psychoanalytic Association, 24S*: 139–155.

Todorov, T. (1995). *La vida en común* [Life together]. Madrid: Taurus.

Torok, M. (1979). The significance of penis envy in women. In: J. Chasseguet-Smirgel (Ed.), *Female Sexuality: New Psychoanalytic Views*. Ann Arbor, MI: University of Michigan Press.

Trad, P. V. (1990). On becoming a mother: In the throes of developmental transformations. *Psychoanalytic Psychology, 7*: 341–361.

Trevarthen, C., & Aitken, K. J. (2001). Infant intersubjectivity: Research, theory and clinical applications. *Journal of Child Psychology and Psychiatry, 42*: 3–48.

Tronick, E. (1989). Emotions and emotional communication in infants. *American Psychology, 44*: 112–119. Also in: J. Raphael-Leff (Ed.), *Parent–Infant Psychodynamics—Wild Things, Mirrors and Ghosts* (chap. 4). London: Whurr.

Tyson, P. (1982). A developmental line of gender identity, gender role and choice of love object. *Journal of the American Psychoanalytic Association, 30*: 59–84.

Tyson, P. (1994). Bedrock and beyond: An examination of the clinical utility of contemporary theories of female psychology. *Journal of the American Psychoanalytic Association, 42*: 447–467.

Tyson, P. (1996). Female psychology: An introduction. *Journal of the American Psychoanalytic Association, 44*: 11–20.

Tyson, P. (2003). Some psychoanalytic perspectives on women. *Journal of the American Psychoanalytic Association, 51*: 1119–1126.

Tyson, P., & Tyson, R. L. (1990). *Psychoanalytic Theories of Development: An Integration*. New Haven, CT: Yale University Press.

Vaillant, G. E. (2005). *Ego Mechanisms of Defense: A Guide for Clinicians and Researchers*. Washington, DC: American Psychiatric Press.

Winnicott, D. W. (1959). The fate of the transitional object. In: *Psycho-Analytic Explorations*, London: Karnac, 1989.

Winnicott, D. W. (1960). Ego distortion in terms of true and false self. In: *The Maturational Processes and the Facilitating Environment* (pp. 140–152). London: Hogarth Press, 1965; reprinted London: Karnac, 1990.

Winnicott, D. W. (1966). The split-off male and female elements to be found in men and women. In: *Playing and Reality* (pp. 72–85, in chap. 5, "Creativity and Its Origins"). London: Routledge, 1971. Also in: *Psycho-Analytic Explorations*. London: Karnac, 1989.

Winnicott, D. W. (1971a). Creativity and its origins. In: *Playing and Reality* (pp. 65–85). London: Tavistock Publications.

Winnicott, D. W. (1971b). *Playing and Reality*. London. Routledge.

Woolf, V. (1929). *A Room of One's Own*. San Diego: Harcourt Brace, 1989.

Young-Bruehl, E. (2003). Are human beings by nature bisexual? In: *Where Do We Fall When We Fall In Love?* (pp. 179–212). New York: Other Press.

Zolla, E. (1981). *Androginia*. Madrid: Debate, 1990.

专业名词英中文对照表

autoerotic cathexes	自体性欲的投注
auto-eroticism	自体性欲
bisexuality	双性恋/雌雄同体
castration complex	阉割情结
countertransference	反移情
creative inhibition	创造性抑制
de-identification	去认同
discourse	话语
displacement	移置
dissociation	解离
ecstactic pleasure	狂喜的快感
ego-fulfilment	自我实现
ego-ideal	自我理想
embodiment	具身（化）
false self	假我
fate neurosis	命运神经症
femaleness	女性特征
feminine masochism	女性受虐狂（女性受虐倾向）
feminization	女性化
gender identify	性别身份
generative agency	创生性主体
generative identity	创生性身份
hysteric	癔症的（歇斯底里的）
identificatory introjects	认同性内摄
inferiority complex	自卑情结
libidinal	性欲
libido	力比多
motivational schema	动机图式
narrative	叙事（述）
non-sexual	非性欲

object-cathexes	客体投注
occultism	神秘主义
Oedipus complex	俄狄浦斯情结
otherness	他者性
pan-sexualize	泛性化
passive aims	被动的目标
pater familiae	男性家长制
penis envy	阴茎嫉羡
Persephone	珀耳塞福涅
phallic mother	阳具母亲
phallic-monism	阳具一元论
phallocentrism	阳具中心主义
preconscious	前意识
pre-sexual	前性欲
primary erotogenic masochism	原初的性受虐倾向
primary femininity	原初女性气质
primary masculinity	原初男性气质
primary object	原初客体
post-Oedipus	后俄狄浦斯
potential(pro)creator	潜在创造者
rationalization	合理化
representation	表征
sadistic-anal	施虐-肛欲期
schema	图式
secondary erotogenic masochism	次生的性受虐倾向
secondary masculinity	次生男性气质
self-ness	自体性
sex and gender difference	生理和心理性别差异
sexual dimorphism	性欲二态性
sexual frigidity	性冷淡

sex traumas	性创伤
somatic apraxias	身体失用症
sublimation	升华
subjectivization	主体化
super ego	超我
temporality	暂时性
the Achilles Heel	阿喀琉斯之踵
transcendental subject	先验主体
triangular phase	三角期
true self	真我
vagina envy	阴道嫉羡
vestibulum	前庭区
womanliness	女性气质
womb envy	子宫嫉羡